FÍSICA INHALATORIA PARA ANESTESIÓLOGOS.

Una aproximación al conocimiento de las propiedades físicas y las Leyes que rigen la cinética de los gases y vapores

JOSÉ MARÍA CALVO VECINO PhD. MD.
ALFREDO ABAD GURUMETA PhD. MD.

© 2014. Urbacal Servicios Generales S.L. Madrid. Spain.

ISBN: 978-0- 244-99989-6

Reservados Todos los Derechos.

No se permite la Reproducción total o parcial de este ejemplar ni el almacenamiento en un sistema informático, ni la transmisión de cualquier forma o cualquier medio, electrónico, mecánico, fotocopia, registro u otros medios sin permiso previo y por escrito de los titulares del Copyright.

Para su adquisición:

joscalvo@gmail.com o en puntos de venta

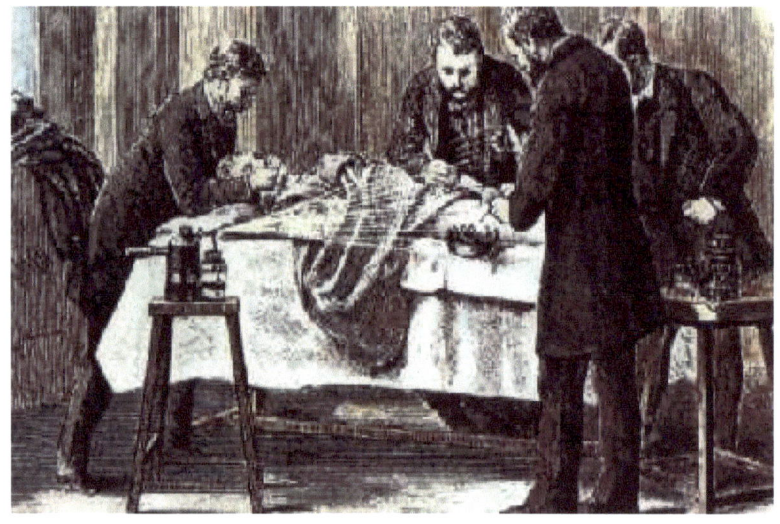

INTRODUCCION.

Llegar a la razón última e íntima del porqué un elemento gaseoso genera un efecto tan particular como la producción de "anestesia", depende indudablemente de una multiplicidad de propiedades inherentes a la propia composición molecular de las sustancias gaseosas, sus propiedades químicas, físicas, y una multiplicidad de factores puramente orgánicos que son modulados por nuestras propias leyes fisiológicas. Todo ello será desarrollado progresivamente aunque ello supone una cierta intromisión, esperamos muy leve, en la farmacocinética y farmacodinamia de los anestésicos inhalatorios.

Hablar de fisicoquímica en anestesia inhalatoria, nos lleva en principio, a realizar una breve reseña de la fisiología y las leyes que gobiernan los gases y vapores en el organismo; así como, al sistema por el cual se realiza el intercambio de aquellos entre las distintas interfases.

El pulmón es el órgano encargado de realizar el intercambio gaseoso. Su función primordial es retirar oxígeno del aire para llevarlo a la sangre venosa y eliminar anhídrido carbónico al exterior, filtrar materiales para que salgan de la circulación, metabolizar determinados compuestos y sintetizar otros, y hacer las veces de depósito de sangre. En estas mencionadas funciones, se incluye como es lógico la captación, almacenamiento, distribución-intercambio y eliminación de otros gases en cuantía suficiente para hacer compatible la vida.

El oxígeno y el anhídrido carbónico se desplazan entre el aire y la sangre por difusión simple; es decir, desde un lugar de alta presión parcial hacia otro de baja presión parcial. La presión parcial de un gas se determina multiplicando la concentración de éste por la presión total. Por ejemplo, el aire seco contiene el 20,93% de O_2. Su presión parcial (PO_2) a nivel del mar —siendo la Presión Barométrica de 760 mm de Hg-, es de:

(20,93 / 100) • 760 = 159 mm de Hg.

Como al entrar el aire en las vías aéreas superiores se entibia y se humedece, de modo que la presión de vapor de agua asciende a 47 mm de Hg, la presión total del gas seco solo es de:

760-47 = 713 mm de Hg.

En consecuencia, la PO_2 del aire inspirado es de:

20,93 / 100 • 713 = 149 mm de Hg.

Todo líquido expuesto a un gas hasta que se equilibra con él, tiene la misma presión parcial de ese gas. La diferencia entre los gases y los vapores viene determinada por la concentración que pueden alcanzar en la fase gaseosa; el gas como el Protóxido de Nitrógeno (N_2O) puede alcanzar el 100%, mientras que la concentración máxima del vapor (caso de los anestésicos inhalatorios halogenados) está limitada por la *presión saturada de vapor* (presión parcial en equilibrio con el líquido) a temperatura ambiente (23-25 °C); de ahí que determinados vapores como desflurano precisen de temperatura constante para mantener la estabilidad en su concentración. Discretos cambios de la temperatura alteran la presión saturada de vapor y modifican cuantitativamente la concentración de las moléculas en fase gaseosa.

Las moléculas de ciertos tipos de líquidos llamados vapores, escapan fácilmente al aire a través de un proceso denominado evaporación. Este fenómeno ocurre como consecuencia de colisiones moleculares azarosas en la superficie del líquido. Las moléculas suficientemente rápidas pueden escapar captando energía. El calor, que es la energía cinética total que posee una sustancia debido al movimiento atómico y molecular, se pierde del líquido cuando sucede la evaporación. *El calor de vaporización* es el número de calorías necesarias para transformar 1g de líquido en gas (para el agua es de 540 cal/g). Es posible vaporizar un líquido de manera isotérmica, es decir, sin cambios de temperatura, o de la energía cinética promedio de las moléculas. Ello requiere una fuente constante de temperatura, la cual no está generalmente presente. La vaporización implica una transferencia de calor y una reducción de temperatura de los objetos en contacto con el líquido vaporizado (caso del desflurano).

GAS

DEFINICION

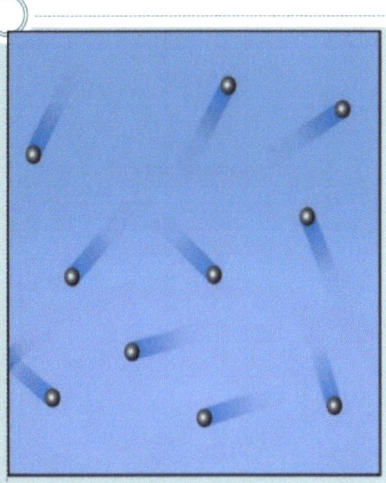

Sustancia que ocupa la totalidad del volumen del recipiente que lo contiene, y que esta conformada por partículas(moléculas) con movimientos en todas las direcciones y choques al azar.

El comportamiento de una muestra de moles de gas se rige por tres variables matemáticamente relacionadas

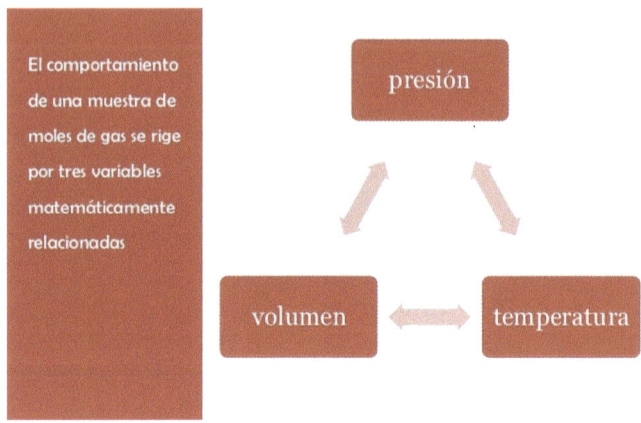

VOLUMEN

- Espacio ocupado por un cuerpo, es dependiente de la capacidad del recipiente que lo contiene.
- Unidad de medida del sistema internacional SI:
- Metro cubico.

PRESION

- Fuerza por unidad de área.
- $P = F / A$
- F = Fuerza perpendicular a la superficie.
- A = Area donde se distribuye la fuerza.
- Unidades:
- Dinas/ cm cuadrado

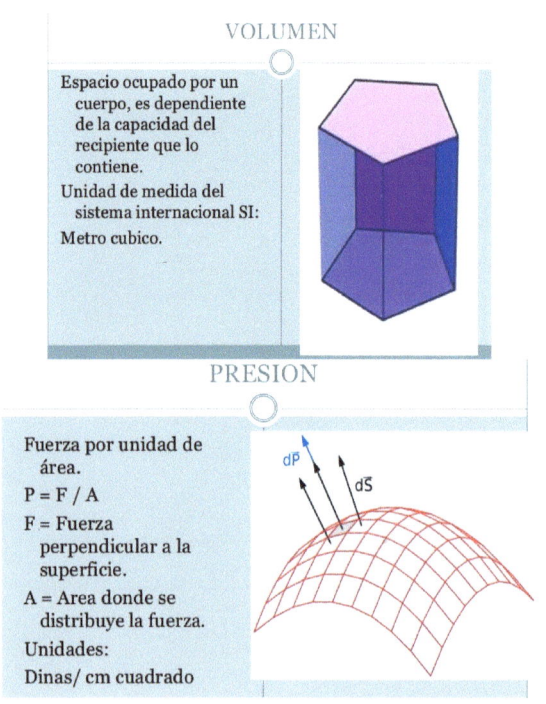

TEMPERATURA

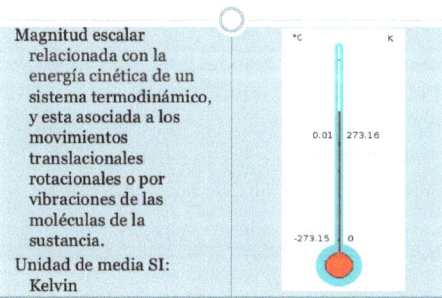

- Magnitud escalar relacionada con la energía cinética de un sistema termodinámico, y esta asociada a los movimientos translacionales rotacionales o por vibraciones de las moléculas de la sustancia.
- Unidad de media SI: Kelvin

TEORIA CINETICA DE LOS GASES

Bernoulli 1.738, Maxwell siglo XIX:

La presión de un gas se genera por el movimiento aleatorio continuo y choques elásticos sobre las paredes del contenedor, sin perdida ni ganancia de energía cinética.

PROPIEDADES DE LOS GASES

- Se adaptan a la forma y volumen del recipiente que los contiene.
- Compresibilidad.
- Difundibilidad: No tienen fuerzas de atracción internas por cuanto difunden libremente.
- Dilatables: La energía cinética promedio es proporcional a la temperatura.

LEYES GENERALES.

El gobierno de los gases y vapores en el organismo viene dado por las Leyes de los Gases:

"LEY GENERAL DE LOS GASES"

$P \cdot V = n \cdot R \cdot T$

donde "T" es la temperatura y "R" una constante [8,31 Julios/(mol/°K)] y "n" es el número de moléculas. Esta ecuación se emplea para corregir los volúmenes de gas de acuerdo con los cambios de presión de vapor de agua y temperatura. Por ejemplo la ventilación se mide de manera convencional a TCPS, es decir, temperatura corporal (37°C) a presión ambiental saturada con vapor de agua. Los volúmenes de gas, en cambio, se expresan como TEPS, es decir, temperatura estándar (0°C o 273°K), presión estándar (760 mm de Hg) y en seco. Para convertir un volumen gaseoso a TCPS en TPES ha de multiplicarse por

[(273/310) • (PB - 47) / 760]

🞧 "LEY DE BOYLE"

$P_1 \cdot V_1 = P_2 \cdot V_2$ **(Para Temperatura constante).**

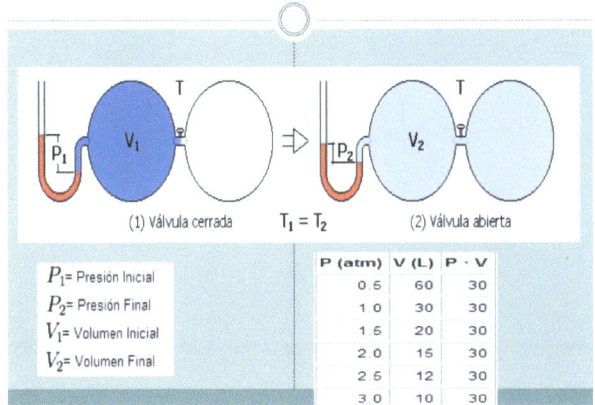

LEY DE BOYLE- MARIOTTE

A temperatura constante, el volumen de una muestra de gas varía en forma inversamente proporcional a la presión.

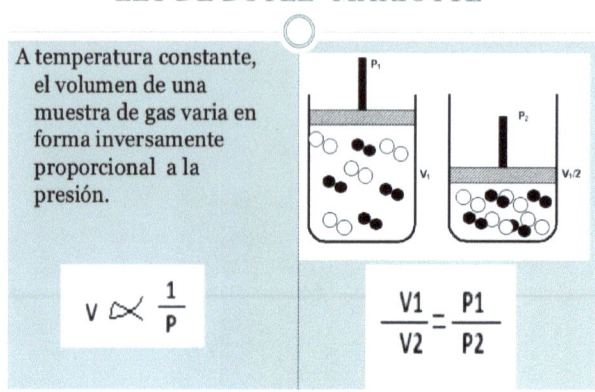

$$V \propto \frac{1}{P}$$

$$\frac{V1}{V2} = \frac{P1}{P2}$$

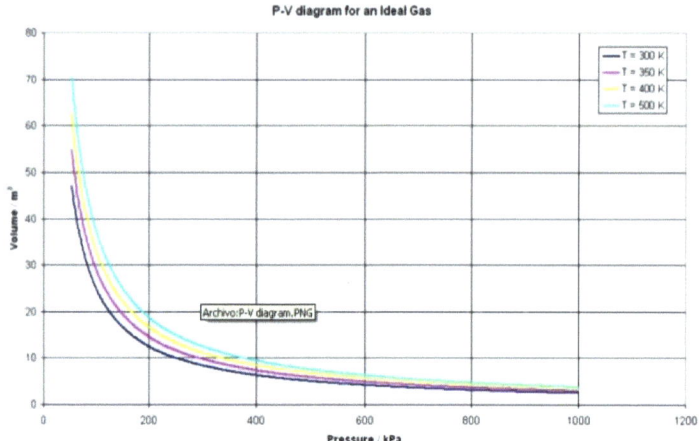

- *"LEY DE CHARLES"*

$V_1/V_2 = T_1 / T_2$ **(Para Presión Constante).**

que son casos especiales de la Ley General de los Gases.

LEY DE CHARLES- GAY LUSSAC 1787

A presión constante el volumen de una gas varia en forma directamente proporcional con la temperatura.

$$\frac{V1}{T1} = \frac{V2}{T2}$$

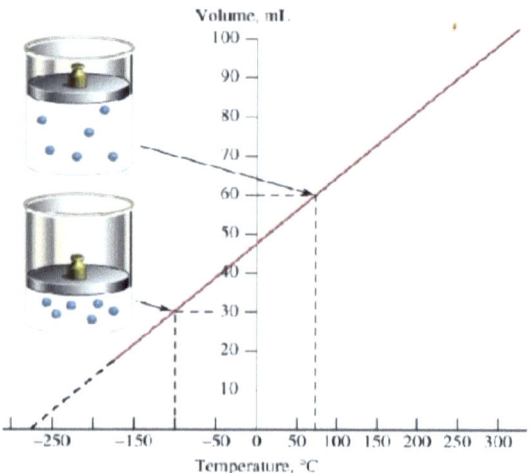

Ley de Boyle-Mariotte

Si un gas se mantiene a **temperatura constante**, su volumen es inversamente proporcional a la presión. Si se comprime un gas hasta la mitad de su volumen inicial, se duplica la presión.

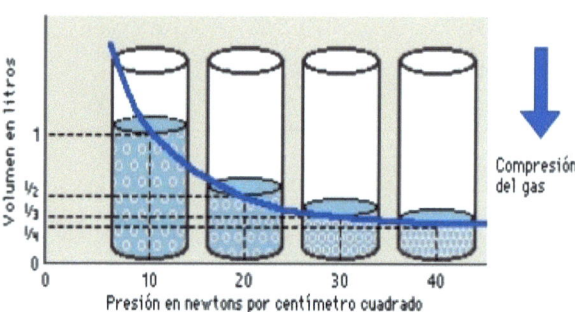

Compresión del gas

Ley de Charles y Gay-Lussac

Si un gas se mantiene a **presión constante**, su volumen es directamente proporcional a la temperatura absoluta. Si se calienta un gas hasta una temperatura dos veces mayor que la inicial (en kelvins), el volumen se duplica.

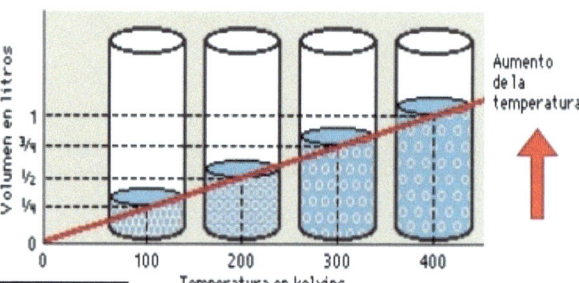

Aumento de la temperatura

RELACION TEMPERATURA PRESION

A volumen constante la presión de un gas es directamente proporcional a la temperatura absoluta.

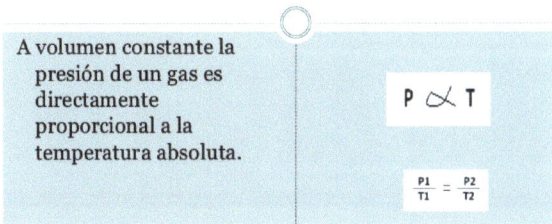

$$P \propto T$$

$$\frac{P1}{T1} = \frac{P2}{T2}$$

"LEY DE AVOGADRO"

En la que se afirma que volúmenes iguales de gases distintos a la misma temperatura y presión contienen la misma cantidad de moléculas.

PRICIPIO DE AVOGADRO

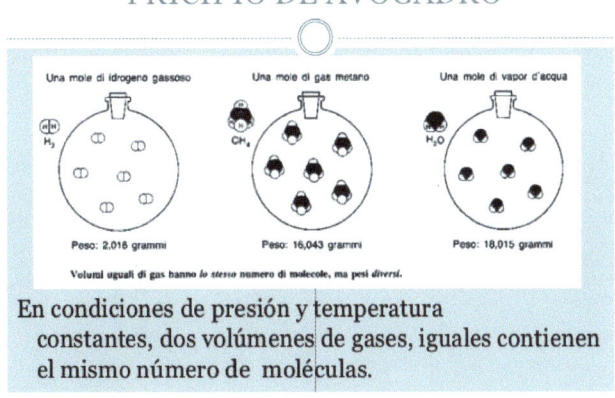

En condiciones de presión y temperatura constantes, dos volúmenes de gases, iguales contienen el mismo número de moléculas.

PRICIPIO DE AVOGADRO

Un mol contiene el numero de avogrado, que se refiere al numero de particulas de la sustancia, independiente de su naturaleza y propiedades fisicoquimicas. Equivale a:

$6{,}023 \times 10^{23}$

GASES IDEALES

Condiciones estandar:
T = 273 K
P = 760 Torr = 1 atm
V = 22,4 L

ECUACION DE ESTADO

Agrupando las variables:
Temperatura, presión, volumen, concentración molar.

$P \cdot V = n \cdot R \cdot T$
R = 0,082 L/atm/K. mol
Constante de proporcionalidad.

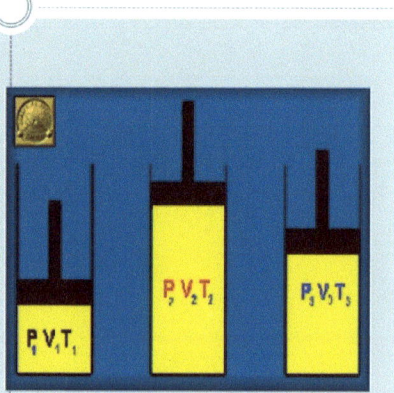

DISOLUCION DE GASES

- Los gases se disuelven en diferentes fases dependiendo de la solubilidad.
- El aumento de la presión parcial aumenta la cantidad de gas disuelto.
- El aumento de la temperatura disminuye la cantidad de gas disuelto.

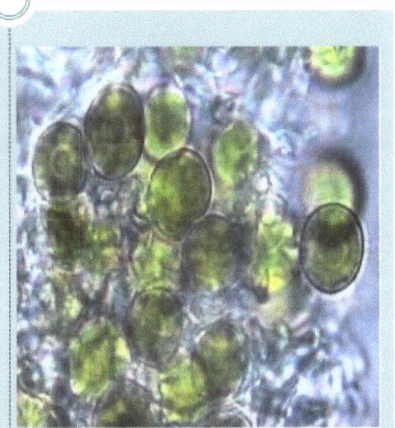

+ *"LEY DE DALTON"*

Según la cual la presión parcial de un gas "Z" en una mezcla de gases es la presión que ejercería ese gas si ocupase todo el volumen de la mezcla en ausencia de los demás componentes.

LEY DE DALTON

La presión parcial de una mezcla de gases, equivale a la suma aritmética de las presiones parciales de los gases individuales.

Pz = Xz * Ptot

Ptot = P1 + P2 + P3...Pn

Así, **Pz = P - Fz,** donde P es la presión total del gas seco, puesto que por convención, Fx se refiere al gas seco. En un gas que tiene una presión de vapor de agua de 47 mm de Hg,

$$Px = (Pa - 47) \cdot Fx$$

También en los alvéolos, **$PO_2 + PCO_2 + PH_2O + PN_2 = P_B$**

La presión parcial de un gas en solución es, su presión parcial en una mezcla gaseosa que está en equilibrio con la solución. La presión total es, la suma de las presiones parciales; y la presión parcial es, la presión total multiplicada por la fracción de la concentración de este componente en la mezcla.

El efecto anestésico de los vapores depende de las moléculas disueltas en las regiones hidrofóbicas críticas (único concepto aceptado por consenso, hasta ahora, para explicar el efecto anestésico). El número de moléculas que se disuelven es directamente proporcional a la presión parcial de esas moléculas y, por lo tanto, el efecto anestésico dependerá de la presión parcial (mm de Hg) del fármaco anestésico.

"LEY DE HENRY"

que afirma que el volumen de gas disuelto en un líquido es proporcional a su presión parcial. Por lo tanto, $C_x = K \cdot P_x$

LEY DE HENRY

La concentración de un gas disuelto en agua, es directamente proporcional a la presión parcial del gas.

$[O_2] = s * PO_2$

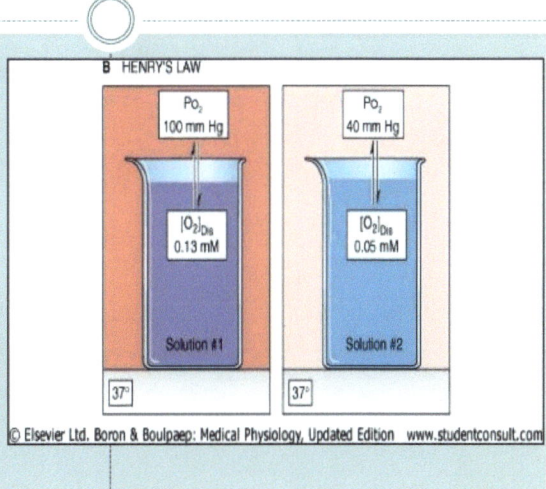

LEY DE GRAHAM (1829)

Las velocidades de difusión de los gases son inversamente proporcionales a las raíces cuadradas de sus respectivas densidades.

$$\frac{v1}{v2} = \frac{\sqrt{D2}}{\sqrt{D1}}$$

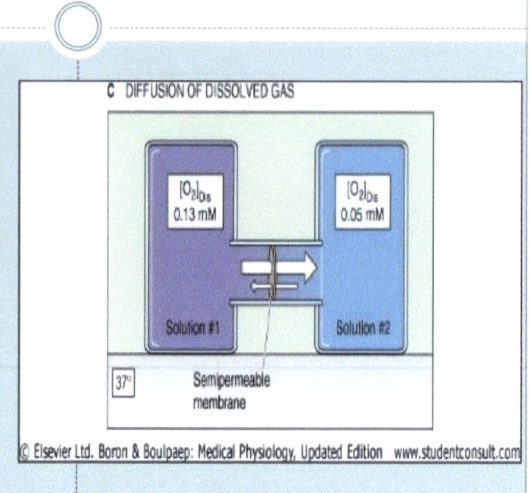

PRESION DE VAPOR DE AGUA

En una mezcla gaseosa la presión total es la suma de la presión de vapor de agua y la presión del gas.
Entonces:
Pgas = Patm-Pvap

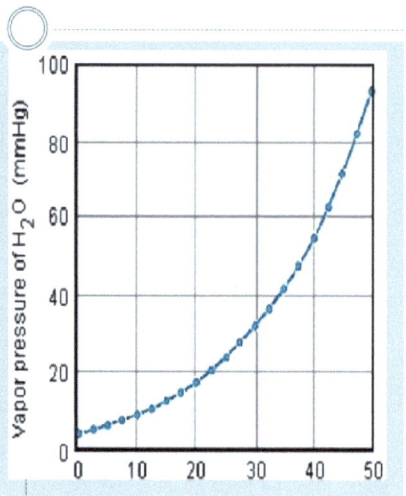

Otra ley extremadamente importante en el estudio de los gases y vapores es la

"LEY DE DIFUSION DE FICK" que demuestra la cantidad de gas capaz de atravesar una membrana de tejido, la cual, es directamente proporcional a la superficie de la membrana e inversamente proporcional a su espesor.

GASES NO IDEALES

En el comportamiento de los gases no ideales influyen fuerzas de atracción intermolecular:
1. Atracción dipolo (permanentes)
2. Fuerzas de Van der Waals

$(p+p) \cdot (v-v) = nRT$

La barrera hematogaseosa (a nivel alveolo-capilar) posee una delgadez extraordinaria (<0,5p) pero su superficie es de 50 a 100 m². En consecuencia, está en óptimas condiciones para cumplir su función de intercambio gaseoso. Esto sucede porque los pequeños vasos sanguíneos (capilares) envuelven a una multitud de minúsculos sacos aéreos que se denominan alvéolos. El pulmón humano contiene aproximadamente 300 millones de alvéolos, cada uno de los cuales mide alrededor de 1/3 de mm de diámetro. Si fuesen esferas, tendrían una superficie total de 85 m² para un volumen de apenas 4 litros. En cambio una sola esfera del mismo volumen solo ofrecería una superficie interna de 0,01 m². Por lo tanto el pulmón genera esta superficie de difusión tan grande fraccionándose en millones de unidades. Los vasos sanguíneos del pulmón también están muy ramificados. Los capilares forman una fina y densa red en las paredes de los alvéolos y miden alrededor de 10μ de diámetro, el espacio necesario para el paso de un solo hematíe. Los segmentos capilares son tan cortos que esta red densa forma una lámina casi continua de sangre en la pared alveolar, y de éste modo el intercambio gaseoso se realiza con mucha eficiencia.

Todos los gases atraviesan la pared alveolar mediante difusión pasiva y la **Ley de Fick** describe la difusión a través de los tejidos. Según ella, *"la celeridad del traslado de un gas a través de una membrana de tejido es directamente proporcional a la superficie del tejido y a la diferencia de concentración del gas entre ambos lados, e inversamente proporcional al espesor de la membrana"*. La superficie de la barrera hematogaseosa del pulmón es enorme (50-100 m^2) para un espesor inferior a $1/2\mu$, de modo que las condiciones son ideales para la difusión. *Además, la celeridad del traslado es proporcional a una constante de difusión que depende de las propiedades de la membrana y de cada gas en particular.* La constante es directamente proporcional a *la solubilidad del gas e inversamente proporcional a la raíz cuadrada de su peso molecular*. Esto da a entender que el CO_2 difunda con una rapidez unas veinte veces mayor que el O_2 a través de las membranas de tejidos porque su solubilidades mucho mayor, mientras que su peso molecular no difiere mayormente.

INTERCAMBIO DE LOS GASES

Si suponemos que un glóbulo rojo entra en un capilar pulmonar de un alvéolo que contiene un gas extraño como óxido de carbono (**CO**) o protóxido de nitrógeno (**N$_2$O**), ¿Con qué rapidez ascenderá la presión parcial de este gas extraño? El tiempo que tarda el glóbulo rojo en desplazarse a lo largo del capilar es un proceso que insume alrededor de ¾ de segundo. Cuando el hematíe entra en el capilar, el **CO** atraviesa con rapidez la finísima barrera hematogaseosa desde el gas alveolar hasta el glóbulo rojo. Sin embargo, como este gas se fija con firmeza a la hemoglobina dentro del hematíe, éste capta gran cantidad de **CO** sin que la presión parcial aumente de manera importante. Así, a medida que el hematíe se desplaza por el capilar, la presión parcial del **CO** en la sangre apenas se modifica; no se suscita ninguna presión antagónica y el gas sigue trasponiendo con rapidez la pared alveolar. Es evidente, entonces, que la cantidad de **CO** que llega a la sangre está limitada por las propiedades de difusión de la barrera hematogaseosa y no por la cantidad de sangre disponible (aunque esta afirmación no es del todo exacta ya que depende también de la rapidez de reacción del CO con la Hemoglobina). Se dice, por lo tanto, *que la* transferencia de **CO** está ***limitada por la difusión***.

Si se compara lo anterior con la transferencia de protóxido de nitrógeno (**N$_2$O**); cuando éste atraviesa la pared alveolar y llega a la sangre, no se combina con la hemoglobina. En consecuencia, la sangre no tiene en absoluto la avidez de **N$_2$O** que tenía de **CO$_2$** y la presión parcial asciende con rapidez. En efecto, se comprueba que la presión parcial de N$_2$O en la sangre llega a igualarse con la del gas alveolar para el momento en que, el glóbulo rojo apenas ha recorrido la cuarta parte de su trayecto por el capilar. Después de este punto la transferencia de **N$_2$O** prácticamente cesa. Así, la cantidad de este gas que capta la sangre depende por entero de la cantidad de sangre circulante disponible y no de las propiedades de difusión de la barrera hematogaseosa. Se dice, entonces, que la transferencia de

N_2O está *limitada por la perfusión*.

¿Qué sucede con el O_2? Se combina con la hemoglobina, pero nunca con la avidez del **CO**. En otras palabras, cuando el O_2 ingresa en el hematíe, la presión parcial aumenta mucho más que para un volumen igual de CO_2 La PO_2 del glóbulo rojo, al entrar éste en el capilar, ya equivale a unas cuatro décimas de la alveolar porque la sangre venosa mixta contiene oxígeno. En condiciones de reposo típicas, la PO_2 capilar prácticamente se iguala con la del gas alveolar cuando el glóbulo rojo ha recorrido más o menos la tercera parte de su trayecto por el capilar. En estas condiciones la transferencia de O_2 está limitada por la perfusión, como en el caso del N_2O. Sin embargo, en circunstancias anormales, cuando están alteradas las propiedades de difusión del pulmón por engrosamiento de la pared alveolar; por ejemplo; la PO_2 sanguínea no llega a igualar a la PO_2 alveolar cuando el hematíe llega al final del capilar, de modo que en estos casos también hay cierta limitación de la difusión.

La transferencia de gases hacia el capilar pulmonar se halla limitada por la magnitud del flujo sanguíneo disponible, aunque también lo puede estar por la difusión. **Las leyes de la difusión de los gases dicen que la cantidad de gas que pasa a través de una membrana de tejido es directamente proporcional a la superficie, a una constante de difusión y a la diferencia de presión parcial (gradiente de presión parcial), e inversamente proporcional al espesor**, o sea:

$$V_{gas} = (S / E) \cdot D (P_1 - P_2)$$

Ahora bien, en una estructura compleja como la barrera hematogaseosa del pulmón, no se puede medir la superficie ni el espesor de esta barrera en el individuo vivo. Por lo tanto, la ecuación se replantea así:

$$V_{gas} = D_L (P_1 - P_2)$$

Donde D_L es la capacidad de difusión del pulmón y comprende superficie, espesor y propiedades de difusión de la membrana y del respectivo gas. En consecuencia, la capacidad de difusión de un gas "Z" está dada por

$$D_L = V_{gasZ} / (P_1 - P_2)$$

Donde P_1 y P_2 son las presiones parciales del gas alveolar y de la sangre capilar, respectivamente.

$$D_L = V_{gasZ} / (P_A - P_c)$$

Sin embargo, para aquellos gases que se combinan con la hemoglobina u otras sustancias con gran avidez y su presión parcial en sangre es cercana a cero o se puede desdeñar, la capacidad de difusión del pulmón será

$$D_L = V_{gasZ} / P_{A(gasZ)}$$

En otras palabras, diremos que *la capacidad de difusión del pulmón para un gas determinado es el volumen de gas transferido en mililitros por minuto y en mm de Hg. de presión alveolar.*

Por lo tanto, la captación de un determinado gas puede ser considerada en dos etapas:

1. Difusión a través de la barrera hematogaseosa (inclusive plasma y el interior del hematíe).
2. Reacción del gas con la hemoglobina u otras proteínas, desdeñable para muchos gases anestésicos.

La inversa de D_L es diferencia de presión dividida por flujo, de modo que es análoga a la resistencia (eléctrica), por consiguiente, la resistencia de la barrera hematogaseosa es $1/D_M$ (M - membrana) y la rapidez de reacción del gas con las proteínas o la hemoglobina designada como θ, expresa la rapidez en ml de gas/min/mm Hg/ml de sangre. Esto es análogo a la *"capacidad de difusión"* de 1 ml de sangre y, al multiplicarlo por el volumen de la sangre capilar (V_c), nos da la *"capacidad de difusión efectiva"* de la rapidez de la reacción del gas con la hemoglobina. También en este caso, su inversa **1/θ • V$_c$,** representa la resistencia a esta reacción. Por lo tanto la ecuación completa es:

$$1 / D_L = 1 / D_M + 1 / V_C \cdot \theta$$

En la práctica las resistencias que ofrecen los componentes membranoso y sanguíneo son aproximadamente iguales, de modo que toda reducción del volumen sanguíneo capilar a causa de una enfermedad es capaz de reducir la capacidad de difusión del pulmón. Sin embargo, no hay que olvidar que la mencionada capacidad de difusión del pulmón **D$_L$** consta de dos componentes; el debido al proceso de difusión en si, y el atribuible al tiempo que el gas tarda en reaccionar con los componentes plasmáticos.

Existe una multitud de factores que intervienen en la magnitud y la duración de un efecto específico causado por la administración de un fármaco al organismo. Al final, el efecto viene determinado por la actuación en el lugar específico en el que las moléculas del fármaco interaccionan con las del receptor.

La *disponibilidad* de los fármacos está determinada por las diferentes formas de transporte molecular al atravesar las membranas biológicas y por el grado de fijación de aquellos a las proteínas circulantes. Esta disponibilidad también depende del grado de irrigación que recibe el lugar de acción. Es del todo primordial en la disponibilidad el grado y la velocidad de los procesos metabólicos, capaces de modificar el elemento original en compuestos dotados o no de actividad biológica. Finalmente la *eliminación* del fármaco y/o de sus productos metabólicos influye en la intensidad del efecto farmacológico.

La fracción disponible para la absorción una vez administrado un fármaco determina su *biodisponibilidad*. La velocidad en la absorción, así como, la vía de administración y la velocidad de la misma, influyen en la cronología del efecto.

Todos los fármacos deben atravesar membranas biológicas para llegar a sus receptores específicos. Estas membranas se componen de una doble capa lipídica central y una cubierta proteica. Esta composición de elementos polares y apolares en su estructura, implica la necesidad de los fármacos de ser hidro y liposolubles para atravesar las barreras celulares.

El proceso de *difusión acuosa* pasivo, se describe como una filtración ya que precisa de diferencias hidrostáticas u osmóticas transmembrana. Este proceso posibilita el paso a través de los poros de las sustancias no liposolubles, pero la mayoría de ellas presentan un peso molecular demasiado alto para discurrir a través de los poros (no mayores de 4Å). En general, las moléculas cuyo peso molecular sea superior a 100-200 Dalton no podrán atravesar los poros. Una excepción notable es el paso de moléculas de gran tamaño, como la albúmina a través de los poros de 40Å de las membranas capilares.

El *transporte activo mediado por transportador* es el responsable de la transferencia rápida de múltiples sustancias a través de las membranas, y sus propiedades son la saturabilidad, la selectividad y la necesidad de energía (consumo). Este sistema se encarga del transporte a contracorriente o contra gradiente electroquímico y de la difusión facilitada que no necesita energía pero no puede transportar contracorriente.

La *pinocitosis* es el mecanismo utilizado por las sustancias de elevado peso molecular cuya molécula queda englobada en una pequeña vesícula, y así cruza la barrera celular.

Sólo **la fracción libre**, no fijada de una sustancia es farmacológicamente activa, y las propiedades de fijación a proteínas plasmáticas e hísticas tienen una importancia clave. La fijación puede facilitar la absorción disminuyendo la concentración en el plasma. Es un proceso reversible, generalmente, que alcanza su equilibrio según la ley de acción de masas, siendo la fracción no ligada la que produce el efecto farmacológico y la que se metaboliza, y la ligada ejerce una función de reserva.

La mayoría de los fármacos son ácidos o bases débiles que se presentan tanto en forma ionizada como no ionizada. Esta última, suele ser liposoluble y atraviesa fácilmente las membranas. La ionizada generalmente es hidrofílica y no cruza las membranas con facilidad. La distribución de un electrolito débil viene dada por su pK_a (pH en el cual el fármaco se encuentra ionizado en un 50%) y por el gradiente de pH a través de la membrana.

Una segunda propiedad molecular que afecta la absorción de las sustancias químicas es su **solubilidad**. Los fármacos administrados en solución acuosa se absorben con mayor rapidez que los administrados en solución oleosa, suspensiones o formas sólidas.

La gran superficie de contacto de los alvéolos determina que los gases y vapores inhalados alcancen rápidamente la circulación. Una vez alcanzada ésta, el fármaco se distribuye por el organismo lo que comprende el movimiento, a través de membranas lipídicas y de paredes capilares, y por los lugares de fijación en el organismo. Inicialmente, la distribución está determinada por las propiedades fisicoquímicas del fármaco, el gasto cardíaco, y el flujo regional, estableciéndose la denominada distribución compartimental.

La fracción fijada a proteínas, no disponible para ejercer función farmacológica alguna, actúa como una reserva a partir de la cual se regenera el fármaco cuando se restablece el equilibrio, tras la extracción del fármaco libre. La posición de equilibrio y la velocidad a la cual se elimina la fracción libre de un fármaco mediante los procesos de metabolismo y excreción determinan la vida media biológica de una sustancia. Existen otros componentes, además de las proteínas capaces de fijar fármacos, difíciles de cuantificar. El Tiopental presenta un elevado coeficiente de partición lípido-agua, lo que explica su tendencia a acumularse en tejidos grasos, explicando el fenómeno posterior de redistribución, cuando se invierte el gradiente de concentración a través de las membranas celulares, abandonando un compartimento y distribuyéndose por otro.

Muchos fármacos son sustancias lipofílicas que no se excretan fácilmente por un medio acuoso como la orina, requiriendo cambios químicos que los vuelvan hidrófilos, lo que conduce a una inactivación farmacológica. Las sustancias lipofílicas son inactivadas por el metabolismo de fase I (funcionalización), convirtiéndose por oxidación, reducción o hidrólisis en compuestos más polares. Estos metabolitos y cualquier otro compuesto polar son conjugados por el metabolismo de fase II (sintético), que los convierte en hidrofílicos. Estas sustancias hidrofílicas pueden ya ser excretadas por la orina.

La eliminación es un término general que abarca todos los procesos que acaban con la presencia de un fármaco en el organismo. Además del metabolismo, los principales procesos incluyen la excreción renal, la excreción hepatobiliar y, especialmente en anestesia, la excreción pulmonar. La saliva, el sudor, la leche materna y las lágrimas constituyen vías secundarias de eliminación.

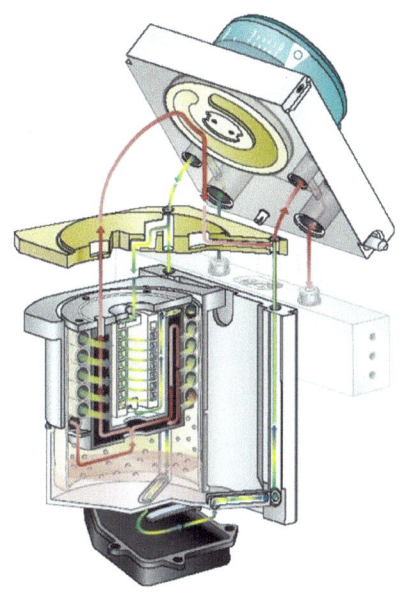

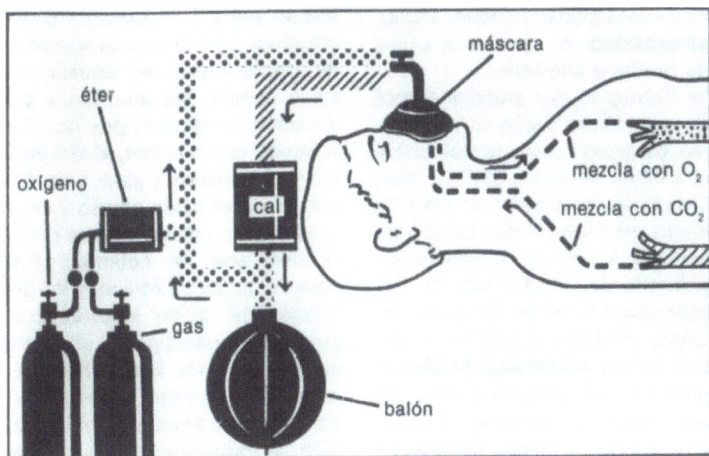

FUNDAMENTOS FISICOQUÍMICOS DE LOS ANESTÉSICOS INHALATORIOS.

Hay tres propiedades fisicoquímicas que determinan primariamente la distribución de una molécula de fármaco y su disponibilidad para el metabolismo: la *ionización*, la *liposolubilidad* y, el *tamaño* y la *forma* de la molécula[1]. El grado de ionización de un fármaco depende del **pK$_a$** de la sustancia y del **pH** de la solución en la que se encuentra disuelta. La mayor parte de los fármacos son sustancias ácidas o básicas débiles y tienen uno o más grupos funcionales que pueden ser ionizados. El **pK$_a$** de los ácidos débiles es bajo, mientras que el de las bases débiles es elevado. La relación entre el grado de ionización, el pK$_a$ y el pH de un fármaco viene descrita por la ecuación de Henderson-Hasselbach:

$$pH = pK_a + \log (\text{fármaco disociado} / \text{fármaco no disociado})$$

La liposolubilidad de un fármaco está determinada por la presencia o ausencia de grupos lipofílicos (Hidrofóbicos) o no polares en la molécula. Los grupos alquilo (C_n-H_{2n+1}-), así como, el grupo metilo (CH_3-) son no polares. Las propiedades lipofílicas de una molécula aumentan a medida que la longitud del grupo alquilo aumenta. Por ejemplo, la presencia de un grupo n-propilo (CH_3-CH_2-CH_2-), hace que el compuesto sea más lipofílico que la presencia de un grupo metilo. Las propiedades lipofílicas aumentan cuando se inserta un grupo alquilo en la molécula, tanto si la sustitución se produce en un átomo de carbono, de nitrógeno, de oxígeno, o de azufre. La sustitución del oxígeno por el azufre aumenta, a menudo notablemente, las propiedades lipofílicas de un fármaco. Las propiedades lipofílicas se reducen y las hidrofílicas o polares aumentan cuando una molécula contiene elementos estructurales que permiten la fijación del hidrógeno al agua (p. ej., -OH, -O-, -CHO, -COOH, -Cl y -Br). La presencia de enlaces insaturados (p. ej., -CH=CH-) aumenta todavía más las propiedades hidrofílicas de una molécula.

El tamaño y la forma de la molécula determinan también la distribución del fármaco. Distintos tipos de membranas poseen poros de distintos tamaños, que permiten el paso de moléculas de distintas dimensiones. Por ejemplo, las moléculas de tamaño menor que la albúmina (Peso Molecular 69.000 Dalton; eje mayor, 150Å; eje menor, 35Å) pueden encontrarse en el filtrado glomerular, pero las moléculas de radio mayor a 4Å no pueden penetrar en el eritrocito. Los tres factores fisicoquímicos, ionización, liposolubilidad y tamaño y forma moleculares influyen en la distribución de un fármaco y en su capacidad para penetrar a través de las membranas celulares.

Las membranas celulares y subcelulares son de naturaleza lipídica y consisten en una doble capa de fosfolípidos con proteínas funcionales intercaladas. Contienen grandes cantidades de fosfolípidos, colesterol y lípidos neutros asociados con proteínas. Los fosfolípidos de membrana son anfotéricos, es decir, tienen regiones polares y no polares distintas. Las cadenas hidrocarbonadas no polares se dirigen hacia el centro de la doble capa mientras que los grupos de cabeza polar permanecen en contacto con la fase acuosa de la superficie de la doble capa. La estructura lipídica está penetrada completa o parcialmente por proteínas de membrana que se fijan a las superficies interior y exterior de la doble capa. Las proteínas son necesarias tanto para mantener la integridad de la membrana como para el transporte especializado de moléculas endógenas (y de las exógenas estructuralmente parecidas). De acuerdo con las propiedades de los fármacos, las propiedades de las membranas determinan la capacidad de un fármaco para penetrar en las células. Las moléculas muy pequeñas y los iones (p. ej., Cl-) difunden aparentemente a través de los canales acuosos de la membrana, mientras que las moléculas liposolubles pueden difundir libremente a través de la membrana. Las moléculas hidrosolubles y los iones de tamaño moderado, incluyendo la forma ionizada de la mayoría de los fármacos, solo pueden entrar en la célula mediante un transporte especializado. La liposolubilidad global, es decir, las propiedades lipofílicas e hidrofílicas relativas de la molécula de un fármaco, determina si el fármaco cruzará rápidamente las membranas biológicas mediante un proceso pasivo. Las membranas son, en general, permeables a las formas no ionizadas de los fármacos liposolubles. Los grupos ionizados de una molécula (p. ej., -COO-; -COOH se halla casi totalmente ionizado a pH 7,4), interaccionan fuertemente con los dipolos acuosos y a consecuencia de ello penetran mal a través de la membrana lipídica celular, si es que llegan a hacerlo. Como regla general, la tasa de difusión de un fármaco es paralela al gradiente de concentración de la forma no ionizada del fármaco. En general, cuanto mayor sea la liposolubilidad, mayor será la tasa de movimiento de un fármaco a través de las membranas.

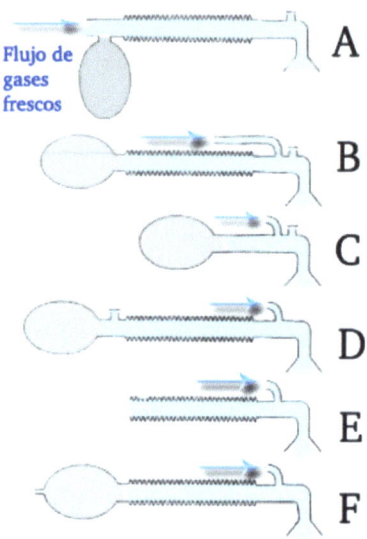

OBJETIVO

"Proporcionar un flujo de gas constante con una proporción de gases conocida, mezclada con vapores anestésicos en un ambiente seguro"

COMPONENTES

- **Maquina de anestesia.**
  - Estructura.
  - Fuente de gases: oxígeno y Protóxido de Nitrógeno.
  - Manorreductores de presión.
  - Rotámetros o medidores de flujo.
  - Vaporizadores.
  - Válvulas de emergencia.
  - Monitores.
- **Circuito anestésico de respiración.**
- **Ventilador.**
- **Sistema de compactación.**

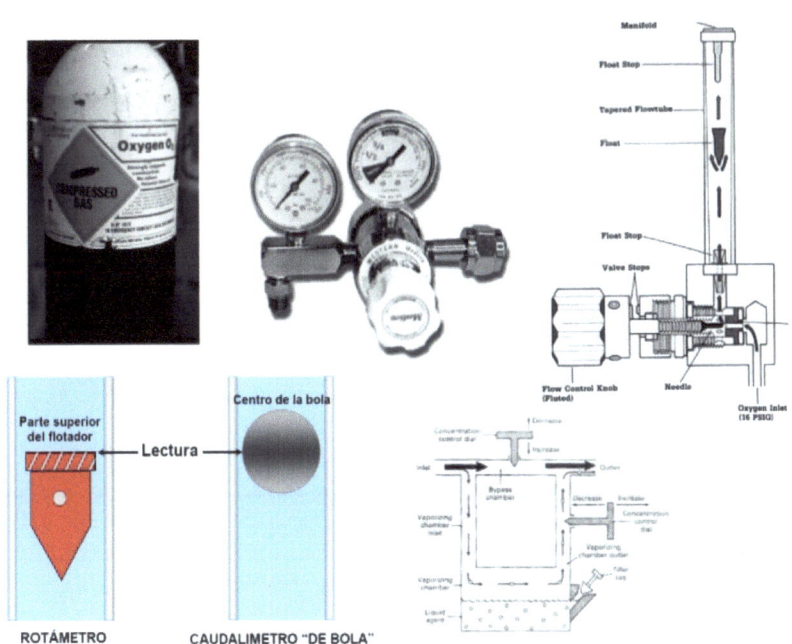

MAQUINA ANESTÉSICA GENÉRICA

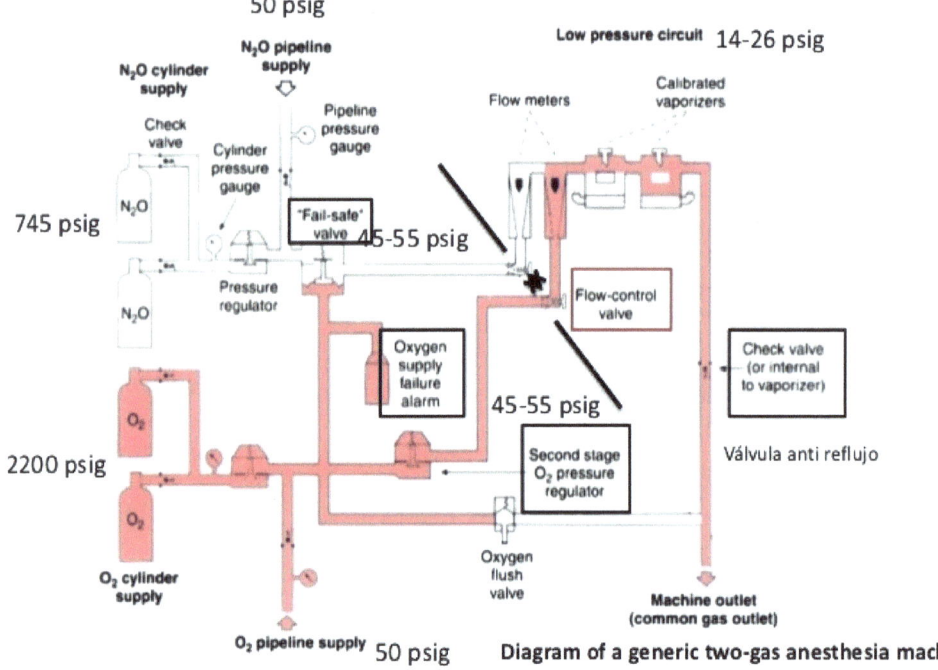

Diagram of a generic two-gas anesthesia machine

Física

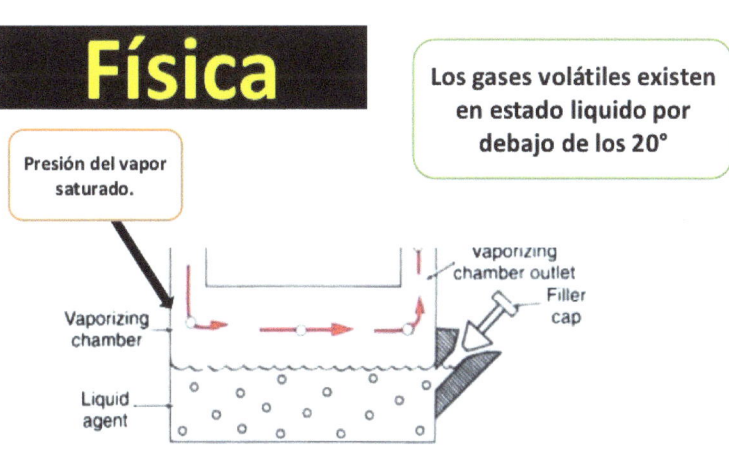

Los gases volátiles existen en estado liquido por debajo de los 20°

Presión del vapor saturado.

"El punto de ebullición de un liquido, es la temperatura a la cual la presión del vapor es igual al de la atmosfera."

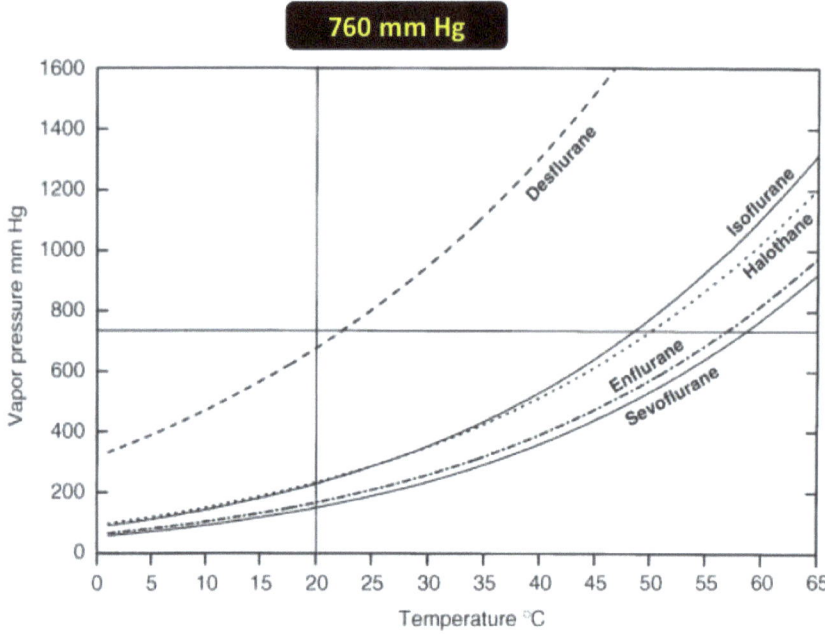

METABOLISMO

El metabolismo de los anestésicos inhalatorios se realiza fundamentalmente en el hígado y, en menor medida, por otros tejidos (p. ej., el tracto gastrointestinal, los riñones, los pulmones y la piel).

El metabolismo precisa la interacción de un fármaco (substrato) y una enzima. Una reacción química catalizada por una enzima se desarrolla a una velocidad aproximadamente 109 veces superior que una reacción no catalizada. En condiciones adecuadas, la molécula de enzima y la molécula original del fármaco forman un complejo a consecuencia de las fuerzas intermoleculares (p. ej., las de Van der Vaals, la iónica). El complejo se descompone, regenerando la enzima y liberando un producto (metabolito) distinto del fármaco original.

Enzima + Fármaco➔Complejo enzima-fármaco➔Enzima + Metabolito.

El metabolismo puede ser un determinante importante de la actividad terapéutica y la toxicidad de un fármaco. Está afectado por muchos factores, incluyendo la vía de administración, la especie, la cepa, el sexo, la edad, la dieta, la temperatura, la estación, el momento del día, la administración crónica, y la administración previa o concurrente de otros fármacos o sustancias químicas. A diferencia de muchos fármacos, los anestésicos inhalatorios son administrados en una cantidad superior a la cantidad que se metaboliza. Así pues, la biotransformación tiene poco efecto sobre la actividad farmacológica pero desempeña un papel importante para determinar la toxicidad del anestésico.

Las vías principales del metabolismo de los fármacos son las reacciones de oxidación, reducción, hidrólisis y conjugación. Un fármaco puede tener una estructura química adecuada para su biotransformación simultánea en varias vías metabólicas. Las enzimas de estas vías compiten por el fármaco (substrato). La proporción de los metabolitos depende de las velocidades de reacción enzimática, la concentración del fármaco junto a las enzimas, y las reacciones fisicoquímicas entre los metabolitos y las enzimas.

El patrón global del metabolismo de los fármacos es común a todas las especies animales; es de naturaleza bifásica, y consiste en un escalonamiento de reacciones de biotransformación y síntesis. La Fase I (reacciones de biotransformación) consiste en la oxidación (hidroxilación), la hidrólisis o la reducción de un fármaco liposoluble o no polar. La Fase II (reacciones de síntesis) consiste en la conjugación de un fármaco o su metabolito con un compuesto endógeno (sobre todo glicina, sulfato o ácido glucurónico). El resultado neto de cualquier fase del metabolismo es la producción de compuestos polares que son excretados con mayor facilidad en la bilis o la orina. Ambas fases están controladas por enzimas presentes en el plasma, el citoplasma, la mitocondria y el retículo endoplásmico. Las diferencias cuantitativas y cualitativas del metabolismo observadas entre las especies se deben fundamentalmente a la naturaleza de estas enzimas. El metabolismo de Fase I ocurre primariamente en el entorno del retículo endoplásmico, mientras que el metabolismo de Fase II ocurre en especial, en el entorno más acuoso del citoplasma. Los substratos de las reacciones de Fase I son raramente substratos de las reacciones de Fase II pero los productos del metabolismo de fase I son, a menudo, substratos de las reacciones de Fase II.

En las reacciones de Fase I intervienen enzimas microsómicas tipo monooxigenasas del citocromo P-450. Son hidroxiladoras y se denominan oxidasas de función mixta. Incorporan uno de los dos átomos del oxígeno molecular al agua celular. Precisa por tanto de oxígeno molecular (O_2) y NADPH.

Los anestésicos inhalatorios son metabolizados por estas enzimas, fundamentalmente por reacciones de oxidación. Dos tipos de estas reacciones, la deshalogenación y la O-desalquilación, son las encargadas de realizar el metabolismo de los anestésicos. Otra reacción, la epoxidación, es responsable de un menor número de biotransformaciones de anestésicos.

Las reacciones de reducción, transfieren electrones al substrato en lugar de al oxígeno molecular. El único anestésico que sepamos sufre una de estas reacciones es el halotano.

Las reacciones de hidrólisis no se observan en los anestésicos inhalatorios, debido a que ninguno de ellos posee la unión éster necesaria.

Las reacciones de Fase II son conjugaciones. Los grupos químicos que se asocian habitualmente a éstas reacciones son -OH, -COOH, -NH$_2$, y -SH. El producto suele ser un metabolito polar, hidrosoluble, que se excreta fácilmente. La conjugación de un fármaco que contiene un grupo hidroxilo con ácido uridindisfosfatoglucurónico es catalizada por la glucuroniltransferasa. El glucurónido resultante es más hidrosoluble debido a la presencia del medio polar azucarado y el grupo carboxilo libre, que se halla prácticamente ionizado a pH orgánico, aumenta todavía más la solubilidad en agua.

Aunque hay fármacos que no tienen grupos químicos adecuados para la conjugación, ésta puede lograrse mediante reacciones previas de Fase I.
El fenómeno de inducción enzimática debido al aumento del metabolismo que genera un aumento en la velocidad de síntesis enzimática, y en ciertas ocasiones una reducción en la velocidad de degradación de las enzimas, puede generar reacciones tóxicas, aunque no son

muy frecuentes. Así mismo, el fenómeno de inhibición enzimática puede ser tan importante o más que el anterior y se genera por las mismas causas. Este mecanismo puede ser relacionado con la lesión hística asociada al uso de anestésicos inhalatorios. El acumulo intracelular de cantidades tóxicas de metabolitos, la formación de haptenos que pueden iniciar una hipersensibilidad sistémica o respuestas inmunes, y la producción de reactivos intermedios que pueden formar compuestos (mediante enlaces covalentes) con las macromoléculas hísticas o iniciar reacciones destructivas en cadenas mediante radicales libres. Además, existe una reacción fisicoquímica específica del N_2O con la vitamina B.

El *cloroformo* (ha sido llamado la *toxina hepática clásica),* es metabolizado a fosgeno (Cl_2CO) por el citocromo P-450, que conduce a una cascada de procesos no bien conocidos, y a lesión hepatocelular grave. Resulta también un tóxico renal directo por lesión del epitelio tubular y afectación glomerular.

El *éter dietílico* provoca cambios adiposos y una degeneración extensa hepática, pero no de la magnitud que el cloroformo.

No hay casos publicados de necrosis hepáticas causadas por la administración de **protóxido de nitrógeno** (N_2O), salvo en asociación con casos de hipoxia franca.

El *éter divinílico* es tóxico hepático produciendo necrosis centrolobulillar debido a liberación de radicales libres, epoxidación vinílica y formación de trifluoroetanol.

El *tricloroetileno* es potencialmente tóxico, ya que con el calor, el aire y la luz, se descompone en fosgeno -muy tóxico- y monóxido de carbono. "Per se", no se ha demostrado hepatotoxicidad.

El *ciclopropano* se ha implicado como posible toxina hepática y productor de necrosis hepática masiva, no obstante parecería que los casos descritos estarían asociados con casos en que el flujo sanguíneo hepático estaría comprometido seriamente con anterioridad a la administración del anestésico.

El *fluroxeno* (primer anestésico fluorado utilizado en clínica), produce necrosis hepática por varias vías; debido a inducción enzimática por formación de radicales libres, epoxidación (recuérdese que los epóxidos son siempre tóxicos) del medio vinilo (-C=C-

), y la formación de trifluoroetanol, metabolito muy tóxico.

El **halotano** es metabolizado por el citocromo P-450, produciendo Br y un radical libre que provoca, a continuación, lesión hepatocelular directa con necrosis hepática. Sin embargo los estudios demuestran que estas lesiones se producen en 1 de cada 35.000 pacientes sometidos a anestesia con este producto. Parecerían existir tres mecanismos de toxicidad; uno por metabolización de un 25% a trifluoroacetatos que se comportarían como haptenos induciendo anticuerpos antimitocondriales, otro por inducción enzimática y un último por liberación de radicales libres. Existiría no obstante una predisposición genética para la toxicidad de este anestésico".

El **metoxiflurano** parecería producir una hepatopatía similar a la aparecida para el halotano por afectación microsomal. Produce liberación de fluoruros inorgánicos (es metabolizado por el citocromo P-450 -2E1, 2A6 y 3A), dependiente de la dosis de administración y en todo caso la hepatitis sería reversible, no así su toxicidad renal que es muy elevada, ya que ya que el citocromo metaboliza y libera los iones F en el propio riñón.

Este anestésico es el prototipo del fármaco nefrotóxico; su alto potencial en el daño renal viene determinado por la liberación metabólica de fluoruros inorgánicos en el riñón, que producen insuficiencia renal poliúrica. Esta toxicidad es dependiente de la dosis y tiene una cierta variabilidad genética".

El **enflurano** podría producir toxicidad hepática igual que el **Isoflurano** por mecanismos parecidos al halotano, pero solo en condiciones muy adversas de hipoxia grave. Existe una reactividad cruzada para el enflurano e isoflurano con el halotano por existencia de anticuerpos contra la proteína trifluoroacetilada, que sugerirían una capacidad potencial de estos anestésicos para producir respuesta tóxica hepática mediada por un mecanismo inmune. Dado que el metabolismo hepático del enflurano y aún más, el del isoflurano, son menores al del halotano, es probable que se formen menos anticuerpos hísticos con la consiguiente menor probabilidad de toxicidad. La liberación de fluoruros inorgánicos por el citocromo P-450, para estos dos compuestos no supera el 0,296".

El **sevoflurano** sigue una metabolización similar a los anteriores fármacos, por actuación en la cadena del citocromo P450 -2E1-, con lo que se obtiene una desfluorinización y liberación de fluoruros inorgánicos en un 3%, con la consiguiente potencialidad tóxica hepática y sobre todo renal, aunque no se ha objetivado todavía una incidencia superior a la del isoflurano. Este hecho podría ser debido a la mínima cantidad de iones F liberados en el riñón. Además existe para este anestésico otro potencial y tóxico elemento que sería el Compuesto A -potencialmente tóxico-, liberado al entrar en contacto el sevoflurano con la cal sodada del cánister. Sin embargo, se han observado concentraciones superiores a 50 μmol/L de ión, solo en el 8,1% de los pacientes adultos -no en niños-anestesiados con sevoflurano, en una serie de 1174 pacientes, y solo entre 15 y 25 ppm de compuesto A en anestesias de 4 horas a bajos flujos (0,5 l/m a 2,0 l/m). A pesar de su potencialidad, no parece existir una toxicidad directa ni hepática ni renal de este anestésico. La producción del compuesto A es similar a la formación de 2-bromo-2-cloro-1, 1-difluoroetileno (BCDFE) para el halotano; la extracción de un protón acídico en presencia de una base formaría un haloalkeno. La toxicidad del conjugado haloalkeno-cisteína está mediada primero por la conversión en un reactivo halido-tiolacílico y mediado por una enzima beta-liasa, que en el hombre tiene una mínima actividad.

La formula desarrollada del Compuesto A fue expuesta en 1996 como fluormetil-2-2-difluoro-1-trifluormetil vinil éter y se diferencia en modo importante de las publicaciones posteriores que se refieren a este compuesto A, como Pentafluoroisopropenil fluorometil éter; se trata de la misma molécula pero puede ser nombrada de esta última forma para coincidir con la literatura más actual y evitar confusión. Los trabajos de Evan Karash en los que se decía que el compuesto A (producto de degradación de Sevoflurano en contacto con los absorberores de CO_2, más en las baritadas que en las sodadas), y que era potencialmente nefrotóxico, se veía que en ratas, el compuesto A en efecto lo era pero no así en humanos. La conclusión a la que llegaba se estableció en base a la Beta-Lyasa, una enzima 10 veces más activa en ratas que en humanos y que activaba el compuesto a nivel renal. La conclusión es que en 20 años y más de 600.000.000 de anestesias en el mundo, no ha habido casos de toxicidad renal achacable al compuesto A. Además Karash lo estudió en pacientes sujetos a anestesia en los que la función renal estaba comprometida y comprobó que la función renal no empeoraba.

El **Desflurano** presenta una mínima metabolización que casi lo hace despreciable, incluso inferior a la del isoflurano. Aunque se han detectado mínimas concentraciones séricas y urinarias de fluoruros inorgánicos y trifluoroacetato, son tan bajas que su potencialidad tóxica hepatorrenal es nula.

Son particularmente preocupantes las publicaciones referentes al hecho de que los anestésicos inhalatorios poseen en una exposición prolongada, un potencial tóxico crónico, consistente en mutagenicidad, carcinogenicidad y teratogenicidad. En todo caso, los índices encontrados para éstas tres propiedades tóxicas son muy bajos y más frecuentes en el personal femenino expuesto".

FÍSICA

Los fármacos anestésicos inhalatorios difieren entre si en su estructura química. No obstante su heterogenicidad, presentan propiedades físicas comunes que les confieren la capacidad de penetración cerebral. La propiedad característica que permite este hecho es su elevada liposolubilidad.

La trayectoria a seguir por estos fármacos es su captación (absorción) desde el alvéolo a la circulación sistémica, su distribución en el organismo, y su eventual eliminación a través de los pulmones o mediante metabolización preferentemente hepática. Controlando la Presión parcial inspiratoria (P_1) del anestésico inhalatorio, se crea un gradiente de presión entre la máquina de anestesia y el lugar de acción del fármaco u órgano diana, el cerebro. El objetivo primordial de la anestesia inhalatoria es conseguir una presión parcial de anestésico en el cerebro óptima y constante (**P$_{CEREB}$**).

El órgano diana se equilibra con la presión parcial de anestésico inhalatorio en la sangre arterial (Pa), e igualmente la sangre se equilibra con la presión parcial alveolar del anestésico (PA):

$$P_A \approx P_a \approx P_{CEREB}$$

Un anestésico inhalatorio es un reflejo fiel de su **P$_{CEREB}$**. Y podría ser la razón que justificase el uso de la P_A como un índice de profundidad, un reflejo de la rapidez de inducción y recuperación anestésicas, y una medida de su potencia.

La perfecta comprensión de los factores que determinan la **P$_A$** y por ende la **P$_{CEREB}$** de un anestésico inhalatorio, nos permitirá controlar y ajustar adecuadamente la dosis que administramos en el cerebro.

La **P$_A$** del anestésico está determinada por la concentración de gas que entra en el alvéolo a la que se debe restar la cantidad de fármaco que se traslada por difusión a la sangre del capilar pulmonar y se disuelve en ella, es decir la captación de anestésico por la sangre.

La cantidad de gas que entra en el alvéolo depende de la Presión inspiratoria (P_I), de la ventilación alveolar y de las características del sistema anestésico de ventilación.

La captación del anestésico por la sangre viene determinada por la Solubilidad, el gasto cardíaco (**CO**) y el gradiente de presión parcial de gas existente entre el alvéolo y la sangre venosa que llega al capilar pulmonar (**VA-v**).

El metabolismo y la pérdida insensible transcutánea no influyen de forma importante en la inducción y el mantenimiento de la anestesia; mientras que, los seis factores citados anteriormente actúan de manera simultánea en el control de la P_A

Al iniciar la administración de un anestésico inhalatorio es necesario una P_I alta para compensar la captación por la sangre y realizar el lavado del circuito. Este efecto de aumento de la P_I (sobrepresión) se denomina ***efecto concentración***. Cuando la captación por la sangre disminuye, la P_I debe ser disminuida si se quiere mantener una P_I constante en el tiempo, ya que la P_A, y por tanto la P_{CEREB}, aumentarán progresivamente a medida que la captación sanguínea disminuya.

Existe otra forma de acelerar el aumento de la P_A de un gas, es el denominado ***efecto de segundo gas.*** Si se produce la captación de un gran volumen de un primer gas, cuando añadimos un segundo gas, se alcanza más rápidamente una elevada P_A. No obstante, y aunque puede ser detectable, desde el punto de vista clínico, este efecto no reviste una importancia capital. La explicación viene dada por la llegada a las vías respiratorias de todos los gases inhalados y la concentración de los segundos gases en un volumen menor (ya ocupado), por la captación del primer gas (efecto concentración).

Cuando se aumenta la Ventilación Alveolar (V_A), del mismo modo que aumentando la P_I, se produce una mayor entrada de anestésico inhalatorio que contrarresta su captación sanguínea, de este modo se consigue un aumento en la velocidad de ascenso de la PA y por lo tanto, una inducción más rápida de la anestesia. [Por otra parte, la hiperventilación genera un descenso de la **Pa(CO_2)** que disminuye el flujo sanguíneo cerebral, con lo que el aumento de la P_A se contrarrestaría con una entrega disminuida por descenso de flujo cerebral (se retardaría la velocidad de elevación de la P_{CEREB}].

La velocidad de ascenso de la P_A, se ve influenciada también por el volumen del sistema anestésico de ventilación y la solubilidad del anestésico en los componentes del sistema, que frena dicho ascenso. Este problema se resuelve administrando un alto volumen de gas fresco en el inicio y aumentando la P_I de fármaco inhalatorio. La solubilidad en los componentes del sistema también retarda la velocidad de descenso de la P_A al finalizar la anestesia. La inversión de gradiente de presión parcial se traduce en una dilución de los anestésicos con la consiguiente demora.

QUÍMICA

La solubilidad en la sangre y tejidos de los anestésicos inhalatorios está determinada por los denominados **Coeficientes de Partición.** Dichos coeficientes son sinónimos de solubilidad e implican una **frecuencia de distribución** (término estadístico) que describe como el anestésico inhalatorio se distribuye entre dos fases en equilibrio (cuando las presiones parciales son idénticas)

(Como ejemplo, si un coeficiente de partición sangre/gas es igual a 10, esto significa que la concentración de anestésico en la sangre es 10, mientras que en el gas alveolar es 1; siempre que las presiones parciales de este anestésico en ambas fases sean idénticas).

La *partición* es temperatura-dependiente, de forma que la solubilidad de un gas en un líquido aumenta cuando la temperatura de éste disminuye.

Cuando el coeficiente de partición sangre/gas es alto, una gran cantidad de fármaco se disuelve en la sangre antes de que se alcance el equilibrio con la fase de gas (se igualen las presiones parciales entre el gas alveolar y la sangre -$P_a \approx P_A$-). Este hecho, **implica clínicamente un retardo en la velocidad de ascenso de la P_A que puede ser contrarrestado por una elevación de la P_I** al inicio de la anestesia. **Cuando la solubilidad sanguínea es baja, pequeñas cantidades de fármaco se disuelven en la sangre antes de que se alcance el equilibrio, con lo que la velocidad de aumento de la P_A, y por lo tanto de la P_a y de la P_{CEREB}, son rápidas.**

El coeficiente de partición tejido/sangre determina el tiempo necesario para que se alcance el equilibrio entre la presión parcial de anestésico en el tejido y la presión parcial del mismo en la sangre arterial. Este período puede se predeterminado calculando una constante de tiempo para cada tejido -o compartimento- que viene dada por la cantidad de anestésico inhalatorio que se debe disolver en el tejido, dividida por el flujo sanguíneo tisular.

El coeficiente de partición cerebro/sangre para los anestésicos modernos presenta unas constantes de tiempo de 3-4 minutos, y el equilibrio completo de cualquier tejido (incluido cerebro), con la P_a requiere por lo menos de 3 constantes de tiempo. Este es el motivo por el que, para los anestésicos como Isoflurano y los más antiguos – enflurano, halotano, etc-, se mantiene una P_A de anestésico al menos 15 minutos antes de asumir que la P_{CEREB} es similar. Para los anestésicos modernos (desflurano y sevoflurano), con un coeficiente de partición sangre/gas entre 0,42 y 0,68, tres constantes de tiempo son aproximadamente entre 6 y 9 minutos.

Si se eleva el gasto cardíaco (**CO**), se aumenta la captación y por tanto disminuye la velocidad de ascenso de la P_A, de este modo la inducción anestésica será más lenta. Por el contrario, un gasto cardíaco bajo facilita el aumento de la velocidad de ascenso de la P_A al estar disminuida la captación por la sangre.

El reflejo de la captación tisular de anestésico inhalatorio viene dado por la Diferencia o gradiente alvéolo-venoso de presión parcial (D_{A-v}). Los tejidos correspondientes al compartimento rico en vasos o altamente perfundidos (cerebro, corazón, hígado, riñones) que suponen menos del 10% de la masa corporal, reciben aproximadamente el 75% del gasto cardíaco. El resultado de este aporte de sangre es un rápido equilibrio, en estos órganos, de las presiones parciales de anestésico (**Pa** ≈ P_{CEREB}).

Transcurridas aproximadamente tres constantes de tiempo (de 6-15 minutos para los a. inhalatorios), aproximadamente el 75% de la sangre venosa de retorno tiene la misma presión parcial que la P_A (D_{A-v} **estrecha**). Por esta razón, la captación de anestésicos desde el alvéolo se ve muy disminuida tras 6 a 15 minutos y la P_A a P_I. Tras este tiempo, las concentraciones inhaladas de anestésico deben ser disminuidas para mantener una P_A constante.

Los músculos esqueléticos y la grasa (otros compartimentos), representan aproximadamente un 70% de la masa corporal pero reciben menos del 25% del gasto cardíaco. Estos tejidos se comportan como reservorio inactivo para la captación de anestésico durante varias horas. El equilibrio de la grasa con los anestésicos inhalatorios de la sangre arterial probablemente nunca se consiga.

En muchos aspectos, la recuperación o educción de la anestesia es el mecanismo inverso a la inducción y se ve influenciada por la V_A; la **solubilidad**; y el Gasto cardíaco (**CO**); que determinan la velocidad de descenso de la P_a de anestésico por la ausencia de un efecto concentración en la educción (la P_a no puede ser menor de 0); la existencia de concentraciones variables de anestésico en los tejidos, que sirven de reservorio para mantener la P_A cuando el gradiente de presiones parciales se revierte al aplicar una P_a de 0; y la importancia del metabolismo de los fármacos en la velocidad de disminución de la P_A.

La diferencia práctica en la velocidad de educción anestésica debida al metabolismo varía desde el más liposoluble metoxiflurano. Para el halotano es tan importante éste como la V_A, mientras que para los menos liposolubles enflurano, isoflurano y desflurano, es debida, básicamente, a la V_A. El caso del sevoflurano es algo más complejo debido a sus propiedades específicas.

Se puede obtener rápidamente la inducción de la anestesia mediante un incremento de la concentración inspirada del isoflurano al 2-3%. Una vez que se alcanzan los niveles de mantenimiento de la anestesia, se pueden disminuir las proporciones de la concentración inspirada, asegurando la inmovilidad cuando las concentraciones alveolares exceden de la **concentración alveolar mínima (MAC)** en un 30%. Este hecho puede ser repetido para sevoflurano que permite elevar la P_I al 8% y alcanzar un exceso de la MAC superior al 30-40% alcanzando una profundidad anestésica adecuada en un periodo de tiempo muy corto (1-3 minutos). Sin embargo, desflurano, que presenta unas propiedades específicas intrínsecas que no lo hacen idóneo para la inducción, por la liberación catecolamínica que genera cuando se produce una elevación rápida y brusca de la P_I. no permite la realización de la inducción anestésica. La **MAC** de desflurano se debe establecer lenta y progresivamente para evitar una situación hemodinámica comprometida y el rango de seguridad no debe ser inferior a las tres constantes de tiempo (6 minutos) para cada ascenso progresivo de un 3% de P_I.

La captación de los agentes se puede ver modificada debido a la adsorción de los tubos de plástico o de goma o la cal sodada.

La profundidad de la anestesia se puede ver afectada por los cambios de solubilidad debidos al incremento de los niveles de lípidos en sangre, de la temperatura corporal y posiblemente de la edad.

Las propiedades físicas del desflurano y del sevoflurano difieren considerablemente; el punto de ebullición y la presión de vapor de saturación del desflurano son muy diferentes de las del sevoflurano e isoflurano. El punto de ebullición del desflurano (23,5° C) convierte en difícil la utilización clínica de este producto, ya que a temperatura ambiente está en fase gaseosa. Esto obliga a la utilización de un vaporizador con termostato que permita el mantenimiento de una temperatura constante inferior a 23° C o de un moderno sistema de vaporización por inyección, lo que lógicamente, encarece el producto.

En condiciones de utilización clínica ni el desflurano ni el sevoflurano, son inflamables ni explosivos, al igual que los halogenados que utilizamos más comúnmente.

La estabilidad química es una característica importante de los anestésicos halogenados, ya que su degradación puede dar lugar a la producción de tóxicos. A 40°C, la velocidad de degradación del desflurano en cal sodada es de 0,08% por hora. Esta velocidad depende de la temperatura de tal modo que a 80°C alcanza al 0,45% por hora. En comparación, el isoflurano se degrada en cal sodada un 0,20% y un 13,1% por hora a 40°C y 80°C respectivamente. Así pues, el desflurano es más estable en cal sodada que el isoflurano.

En contraposición, tenemos al sevoflurano, que se degrada un 37% por hora a 37°C en cal sodada y, aumenta en un 1,6% por hora, por cada grado centígrado de elevación de temperatura del cánister.

Uno de los factores determinantes de la farmacocinética de los anestésicos inhalatorios son los coeficientes de solubilidad, de tal forma que cuanto mayor es la solubilidad en sangre, más lento es el aumento de la relación P_A/P_I. A la inversa, cuando la solubilidad en la sangre disminuye, más rápidamente tiende la P_A a igualarse a la P_I y se alcanza más velozmente el equilibrio entre Presión cerebral y P_I por lo que la inducción anestésica es más rápida. Estas características son las del protóxido de nitrógeno, con un coeficiente de solubilidad en sangre de 0,47. El desflurano y sevoflurano presentan un coeficiente de solubilidad en sangre de 0,42 y 0,69 respectivamente (menor que el isoflurano -1,4-), lo que permite esperar una inducción y un despertar muy rápidos incluso en intervenciones de larga duración (en el desflurano, se ve alargada por su **MAC**, es superior a 6,0 % atm, y por las propiedades intrínsecas de liberación catecolamínica descritas anteriormente).

La solubilidad en aceite de oliva es de 18,7 ml/ml a 37°C para el desflurano y de 47,2 para el sevoflurano, siendo la del isoflurano de 97, y la del N_2O de 1,4. Esto nos hace pensar en una alta potencia anestésica para sevoflurano y desflurano, aunque siempre inferior a la del isoflurano. Ello es debido a que hay una relación entre la potencia anestésica de un agente y su solubilidad en aceite de oliva, de forma que la

MAC = 134 / Coef. Solubilidad en aceite de oliva

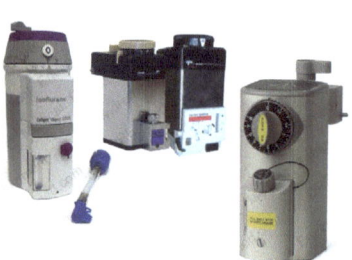

POTENCIA ANESTÉSICA

La **MAC** o **CAM**, **concentración alveolar mínima** es una unidad de profundidad anestésica. Fue definida en seres humanos como la concentración anestésica alveolar a la cual el 50% de los pacientes se movía en respuesta a la incisión quirúrgica de la piel. Es un parámetro constante en que a partir de un punto determinado, un incremento en la intensidad del estímulo (estímulo supramáximo) no aumenta dicha **MAC**.

Se define en términos de porcentajes de una atmósfera por lo que es una presión parcial de anestésico alveolar (es decir, es igual a nivel del mar que en le Monte Everest).

De esta manera, para los coeficientes mencionados, cabe esperar una **MAC** para el desflurano cercana a 7,165 Vol. % atm –aunque tras numerosos estudios se haya podido constatar una MAC algo más elevada-; para el sevoflurano de 2,838 vol % atm, y las ya conocidas del isoflurano (1,15 Vol. % atm) y halotano (0,765 Vol. % atm).

En condiciones normales, la **MAC** del desflurano no varía con la duración de la anestesia; disminuye por las mismas causas que para otros halogenados: con la edad; con la temperatura que desciende 0,24 Vol. % por °C de descenso de temperatura corporal; con la asociación de otros anestésicos (disminuye un 20% tras la administración de 3 µg/kg de fentanil o 5µg/kg de midazolam).

Los coeficientes de solubilidad en aceite para el sevoflurano y desflurano harían esperar una **MAC** de 2,8 y 7,1 Vol % atm, y en efecto, ha sido determinada en el hombre cercana a 2,5 Vol % atm. Para sevoflurano y cercana a 9 para Desflurano. La administración simultánea de N_2O, disminuye la MAC del sevoflurano y desflurano de forma aditiva, como ya lo hacía con el resto de los halogenados.

Cabría aquí hacer la pregunta de cuál es el anestésico más potente. Es posible que esta cuestión fuera muy discutida por muchos autores y se llegaría a un consenso con mucha dificultad. Sin embargo, a la vista de las propiedades aquí reseñadas, y desde un punto de vista empírico, podríamos considerar a los halogenados desflurano y sevoflurano como los anestésicos inhalatorios idóneos por sus propiedades físico-químicas. No obstante debemos hacer alguna salvedad. Si bien los anestésicos citados son los más idóneos desde un punto de vista clínico, no son necesariamente los más potentes, habiendo otros cuyo perfil clínico desaconseja su utilización o la limita.

Ambos, sevoflurano y desflurano, son buenos fármacos clínicos pero presentan un precio no desdeñable. Debido a la relativamente elevada **MAC** del Desflurano, el consumo en circuito abierto o semiabierto y semicerrado, supone un gasto quizá excesivo –se debe considerar que el flujo de gas fresco arrastra un volumen de anestésico superior al 7% de forma continua lo que supone rellenar el vaporizador con relativa frecuencia-. Además, no debemos olvidar la lentitud con que debemos realizar el procedimiento hasta alcanzar la MAC por cuanto la prisa puede conllevar efectos hemodinámicos deletéreos. Sevoflurano no presenta estos inconvenientes aunque ni la inducción, ni la educción son tan rápidos como cupo esperar en los inicios cuando su lanzamiento. Siendo un fármaco rápido en ambas parcelas, si el lavado no es suficientemente completo puede dar lugar a temblor y cierto grado de agitación postanestésica.

Siendo desflurano algo más rápido en la educción, también como sevoflurano puede presentar "shivering" -temblor- o agitación.

Así pues, aunque se quieran establecer ventajas de un inhalatorio respecto del otro, aduciendo que desflurano tiene un comportamiento mejor en situaciones como la obesidad, o que sevoflurano es mejor para otras parcelas como Cirugía Mayor Ambulatoria, y sin entrar en situaciones específicas que no parecen mostrar aun clara evidencia científica, debemos considerar que el perfil clínico de desflurano estaría indicado cuando realicemos anestesia en circuito cerrado, por su elevado consumo y potencial coste, dejando el campo para sevoflurano igual al que venimos realizando desde hace más de 12 años. La única salvedad para este último debemos ponerla en que el vaporizador se debe cerrar con anterioridad a lo previsto para evitar el temblor o la agitación. No existen muchos trabajos realizados que demuestren el rango de fracción espirada de sevoflurano o desflurano por encima del cual los pacientes presentan esos efectos. Parecería que para sevoflurano ese rango estaría situado en 0,35 para el temblor y 0,47 para la agitación.

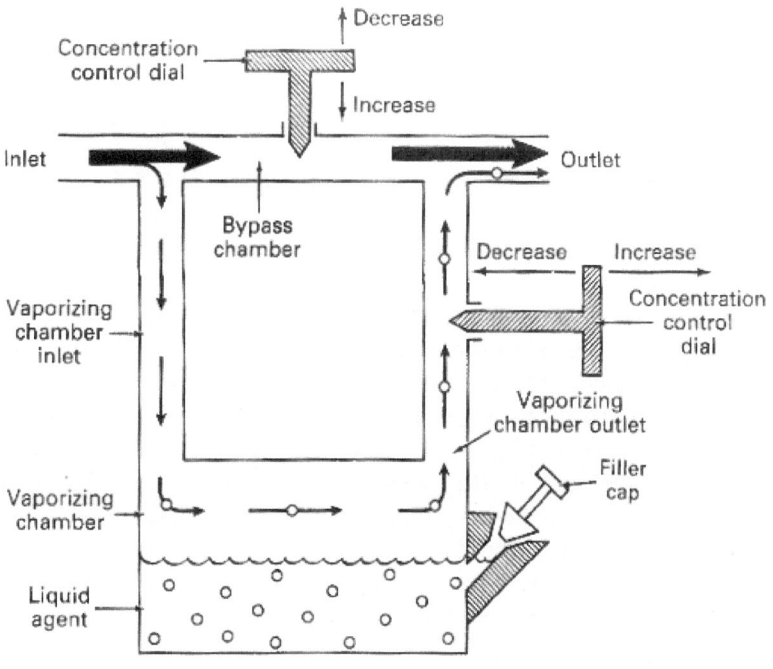

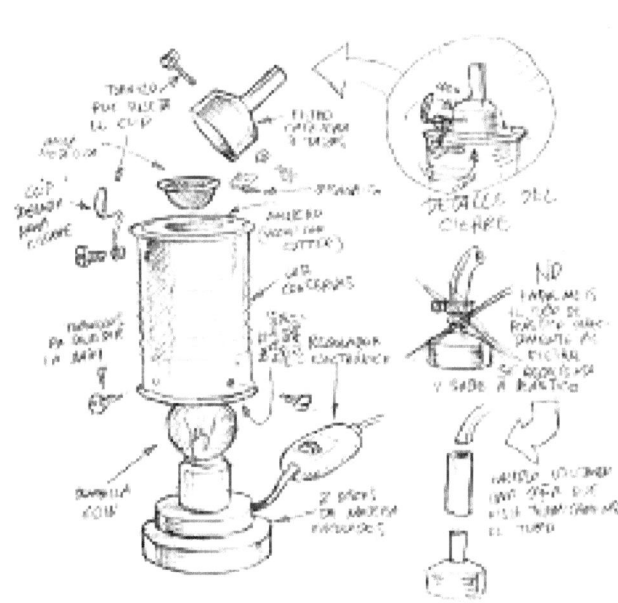

MECANISMO DE ACCIÓN DE LOS ANESTÉSICOS INHALATORIOS.

Las propiedades fisicoquímicas de los anestésicos inhalatorios, sugieren que éstos actúan en diversas regiones macroscópicas (como la médula espinal y el sistema activador reticular) o microscópicas (como la zona pre y postsináptica). No obstante, la distinta naturaleza de estas regiones no excluye una acción única desde el punto de vista molecular. Por ejemplo, la depresión de la liberación presináptica de neurotransmisor y el bloqueo del flujo de corriente a través de la membrana postsináptica, pueden tener lugar a partir de la alteración que el anestésico ejerce en una estructura molecular idéntica, incluso a pesar de que la localización topográfica de estas regiones sea distinta. La idea de que todos los anestésicos inhalatorios tienen un mecanismo de acción común sobre una estructura molecular específica se denomina teoría unitaria *de la narcosis*. La naturaleza de este supuesto lugar de acción común se ha estudiado asociando las propiedades físicas de los anestésicos con su potencia. La lógica de este planteamiento consiste en que una correlación óptima entre la potencia anestésica y sus propiedades físicas sugeriría la naturaleza del lugar de acción del anestésico. Por ejemplo, la relación entre la CAM y la liposolubilidad implica que el lugar de acción es hidrófobo. La propiedad física que mejor se correlaciona con la potencia anestésica es la liposolubilidad, y es conocida como la *regla de Meyer-Overton*. La extraordinaria precisión de esta relación implica un lugar de acción molecular unitario y sugiere que aparece la anestesia cuando un número específico de moléculas ocupan una zona hidrófoba crucial del sistema nervioso central.

Obsérvese que las correlaciones que dependen de las fuerzas ejercidas entre las moléculas (como el punto de ebullición del anestésico) no son importantes para estudiar los mecanismos de la anestesia, puesto que estas fuerzas intermoleculares no pueden ser representativas de un único lugar de acción. Por tanto, estas relaciones se definen a partir de la integración de cada anestésico con él mismo, y no con un lugar de acción común.

La relación entre la potencia y la solubilidad en aceite de oliva hace pensar que éste imita perfectamente el lugar de acción del anestésico, y que la anestesia tiene lugar cuando se alcanza una concentración crítica en éste punto. Sin embargo, el aceite de oliva es una mezcla, y por ello se han estudiado otros solventes más sencillos para definir mejor la naturaleza del lugar de acción del anestésico. La mejor correlación se ha obtenido utilizando el octanol como solvente y añadiendo alcohol en el análisis. La relación entre potencia en aceite de oliva y en octanol para los anestésicos inhalatorios, es esencialmente equivalente, por lo que el lugar de acción debe ser o bien hidrófobo, o bien una combinación hidrófoba y polar (anfipática).

La regla de Meyer-Overton postula que la causa de la anestesia es el número de moléculas disueltas en el lugar de acción y no el tipo de moléculas presente. Por tanto, una CAM de 0,5 de un fármaco y una CAM de 0,5 de otro deberían tener el mismo efecto que una CAM de 1,0 de un tercer anestésico. Esta predicción se suele confirmar en el hombre.

Existen algunas desviaciones a la regla mencionada, es el caso del isoflurano y enflurano, isómeros estructurales con un coeficiente de partición aceite/gas casi idéntico, pero el requerimiento de enflurano es de un 45 a un 90% mayor. Esta discrepancia sugiere que la potencia podría depender de otros factores además de la liposolubilidad. Uno de éstos podría ser la propiedad convulsivante de algunos gases que precisaría aumentar la dosis requerida de fármaco. La halogenación completa (o la halogenación total de los grupos metilo terminales) de los alcanos y los éteres tiende a disminuir la potencia anestésica y a aumentar la actividad convulsivante. Estos fármacos pueden tener propiedades fisicoquímicas distintas a la de los éteres anestésicos halogenados, ya que los convulsivantes presentan un bajo parámetro de solubilidad. No obstante, se ha especulado con que los medios moleculares que controlan la excitación y la inhibición tengan distinta liposolubilidad.

Hay otro efecto incompatible con la regla de Meyer-Overton el denominado *"efecto inverso" o cutoff effect;* para algunas sustancias (alcanos) homólogas existe una mayor potencia anestésica cuanto menor es su liposolubilidad. Parecería que en dichas sustancias el tamaño molecular sería demasiado grande para encajar en el lugar de acción del anestésico.

Un desafío aún mayor a la regla, es la marcada reducción de la dosis de anestésico inhalatorio requerida al administrar el agonista a_2-D-medetomidina. Su isómero óptico, la L-medetomidina, posee una liposolubilidad idéntica pero carece de efecto alguno sobre la potencia de los anestésicos inhalatorios. Este efecto hace presuponer la existencia de receptores específicos además de un lugar de acción hidrófobo.

Paulin y Miller, sugirieron que la anestesia se produce por la formación de hidratos de fármaco. Estos hidratos son estructuras moleculares de agua que rodean a la de anestésico; que formarían microcristales que alterarían la transmisión de cargas eléctricas a través de la neurona. Esta *teoría unitaria de la hidratación,* no se sostiene por falta de correlación entre potencia anestésica y capacidad de formar hidratos.

Otra hipótesis vendría dada porque determinados anestésicos inhalatorios disociarían puentes de hidrógeno. Se ha sugerido que los anestésicos inhalatorios rompen los puentes de hidrógeno de las moléculas de agua cercanas al lugar de acción y, contribuyen a la disfunción neuronal.

Mullins llevó la liposolubilidad más allá y lanzó la hipótesis de que la anestesia se produce cuando la absorción de las moléculas del compuesto expande el volumen de una zona hidrófoba hasta un punto crítico -*hipótesis del volumen crítico*-. Esta expansión obstruiría los canales iónicos o al alterar las propiedades eléctricas neuronales, produciría anestesia.

Las presiones parciales de los anestésicos inhalatorios deberían producir una expansión de volumen constante en el modelo hidrofóbico. Realmente, las dosis inhalatorias que producen anestesia aumentan significativamente el volumen de los solventes hidrófobos. Según esto, la anestesia debería revertirse comprimiendo el volumen, y se sabe que esto es un hecho cierto. Además, la disminución de la temperatura corporal debe antagonizar el efecto al contraer el volumen. Sin embargo, la CAM no aumenta sino que disminuye al descender la temperatura, pero el aumento de la partición del anestésico en sustancias apolares a baja temperatura y los efectos inciertos de la temperatura en el organismo, complican esta predicción.

La *hipótesis de la expansión multizonal,* sostiene que la anestesia general es resultado de la expansión de diversas zonas moleculares hidrófobas, cada una de un tamaño finito y propiedades físicas distintas.

Dado que los fármacos inhalatorios interrumpen la actividad eléctrica (transferencia de iones) inmediata a la transmisión de impulsos nerviosos, y esto tiene lugar en las membranas sinápticas y/o axonales, puede presuponerse que es aquí donde actúan. Hay concordancia con las teorías hidrófobas ya que las membranas están formadas fundamentalmente por componentes hidrofóbicos.

Existen discordancias experimentales respecto de la *teoría de* la *membrana como lugar de acción de los anestésicos,* Ya que, mientras por un lado los anestésicos disminuyen la magnitud de las corrientes de sodio y potasio en las membranas, también pueden aumentar la conductancia de iones y producir hiperpolarización en las membranas. Se especula con la unión de los fármacos a las proteínas de membrana, la interposición entre éstas y los fosfolípidos, en los lípidos de la interfase proteína/lípido y en toda la bicapa lipídica. También pudieran estar ejerciendo su acción con los microtúbulos y los microfilamentos del citoplasma celular.

La incorporación del colesterol al modelo de membrana fosfolipídica reduce el coeficiente de partición de los fármacos inhalatorios, pero no altera la relación de la potencia anestésica y la solubilidad de la membrana lipídica. El grado de saturación o la longitud de las cadenas acíclicas de los lípidos ejercen poco efecto sobre el coeficiente de partición. Por otro lado, una disminución de la temperatura aumenta el coeficiente de partición de todos los fármacos. Cuando la concentración del anestésico se acerca a 1,0 CAM, las membranas lipídicas pueden contener hasta 80 moléculas de fosfolípido por cada molécula de anestésico.

La incorporación del anestésico a la *membrana lipídica* es un proceso dinámico y las moléculas de anestésico pueden intercambiarse rápidamente entre la membrana y las fases acuosas. Los fármacos pueden penetrar en toda la profundidad de la bicapa, pueden acumularse en el centro o, preferentemente, se agrupan en la región de cabezas polares de la membrana de fosfolípidos. Así pues, la localización exacta del lugar de acción puede depender del propio fármaco o de la naturaleza de la membrana.

Los anestésicos podrían actuar *aumentando la permeabilidad de los protones a través de las vesículas sinápticas,* colapsando el gradiente de pH requerido para retener las catecolaminas en su forma cargada y, por tanto, deprimiendo la neurotransmisión por la liberación de aquellas de sus vesículas de almacenamiento en la sinapsis. Sin embargo, ya que una disminución marcada de las catecolaminas cerebrales reduce la CAM hasta un 40%, esta hipótesis sólo explica en parte la producción de anestesia.

La actuación del anestésico *expandiendo o aumentando el grosor de la membrana*, más correctamente de la doble capa lipídica, se ha preconizado como mecanismo para la producción de anestesia al cerrar los canales ionóforos. Sin embargo, a 1,0 CAM de cualquier anestésico, el engrosamiento o la expansión son casi inapreciables y podrían explicar el fenómeno con dificultad. Un aumento de la presión o un descenso de la temperatura revertirían el efecto, dado que comprimen la membrana. Sin embargo, la reducción de la temperatura aumenta la potencia anestésica. Esta aparente contradicción se puede explicar por el aumento de la partición del fármaco al disminuir la temperatura. Además, los anestésicos pueden expandir las membranas sin modificar su grosor, y una disminución de la temperatura puede causar una contracción neta que conlleve un incremento del espesor de la membrana.

Estudios sobre modificaciones moleculares dan pie a la *teoría de fluidificación de la anestesia"*. Los agentes inhalatorios provocan una movilidad de las cadenas de ácidos grasos de la bicapa lipídica dependiente de la dosis. La presión elevada revierte esta fluidificación.

La existencia de colesterol o gangliósidos en la membrana, aumenta el efecto de desorden a una presión parcial de anestésico determinada. Sin embargo, esto sólo ha podido constatarse en modelos experimentales y, lo más cercano en modelos biológicos demuestra una fluidificación en las zonas internas de la doble capa.

Una propuesta alternativa es *la hipótesis de* la *separación de la fase lateral,* que sostiene la coexistencia de los múltiples lípidos de membrana en forma de gel y fluido; los anestésicos evitan la conversión de fluido a gel, necesaria para la excitación de la membrana[27]. Se piensa que el fármaco bloquea la formación de fase de gel y, por tanto, evita que las proteínas modifiquen su conformación para abrir los canales.

Parece existir un acuerdo afirmando que la acción final de los anestésicos inhalatorios se realiza por *interacción sobre proteínas específicas de membrana*. No obstante, continúa sin dilucidarse si su acción desorganiza el flujo jónico a través de los canales, bien por acción directa sobre los lípidos circundantes, o bien por medio de un *segundo mensajero* o, incluso, por una fijación directa y específica a las proteínas del canal.

El complejo receptor de acetilcolina-ionóforo es la proteína de membrana mejor caracterizada en cuanto a la interacción con anestésicos inhalatorios. Este complejo está compuesto por cinco cadenas polipeptídicas que expanden la membrana y forman la pared del canal. Los agentes volátiles estabilizan el receptor de acetilcolina en una forma que fija a los agonistas con elevada afinidad y puede asociarse a un estado de desensibilización y, por tanto, inactivado (canal cerrado). Además existe una correlación entre la potencia anestésica y la capacidad de los agentes volátiles para aumentar la fijación de elevada afinidad de la acetilcolina con su receptor, que se revertirá aplicando una presión elevada[28]. A pesar de que toda esta información se corrobora in vitro, in vivo, el efecto es mínimo.

Algunos estudios identifican a las *proteínas G* con los lugares potenciales de la membrana sobre los que los anestésicos ejercen su acción. Son proteínas de membrana neuronal fijadoras de nucleótidos, que unen muchos neurotransmisores a los canales fónicos cerebrales.

Otra aproximación al mecanismo de acción de los anestésicos consiste en relacionar la dosis de anestésico con *cambios biofísicos estructurales del sistema nervioso central,* que podrían indicar las propiedades críticas del lugar de acción del anestésico y de qué modo éste, afecta a dicho lugar.

El hecho de que los requerimientos anestésicos varíen ligeramente entre los animales de una especie determinada y que en una población normal puedan encontrarse miembros resistentes y miembros vulnerables a la anestesia, ha provocado el entusiasmo en los *estudios genéticos* para determinar el lugar de acción y la relación entre el núcleo celular y el efecto anestésico, y aunque parece existir una cierta expresión genética para la acción de determinados anestésicos, no se conoce su base molecular.

Las alteraciones de la composición de ácidos grasos del cerebro inducidas por la *dieta* pueden correlacionarse con alteraciones en la potencia anestésica (descenso de la CAM entre el 10 y el 33% para la dieta libre en grasa). Pudiera existir una correlación entre la potencia anestésica y los cambios en el contenido cerebral de araquidonil-fosfatidilinositol, que podría alterar la capacidad de los neurotransmisores para sintetizar *segundos mensajeros.*

"Así pues, los anestésicos inhalatorios modifican la transmisión neuronal aumentando o disminuyendo la conducción excitatoria o inhibitoria en los axones o las sinapsis. Su acción final se realiza en las membranas neuronales aunque no se puede desdeñar que exista una producción de un segundo mensajero. Es indiscutible la demostrada correlación entre la potencia anestésica y la liposolubilidad, lo que sugiere un lugar de acción hidrofóbico o anfipático, que estaría localizado en los lípidos y proteínas de membrana (fijándolo y/o desorganizándolo), aunque no sepamos cual de ellos es más importante o de qué modo se produce el estado anestésico. Se intenta donar y caracterizar los canales excitables mediante biología molecular, así como los cambios estructurales biofísicos y bioquímicos que permitan estudiar las interacciones neuronales. Los estudios genéticos mediante ingeniería nos permitirán conocer la interacción, si existe, entre el núcleo celular y la membrana, el citoplasma y sus organelas y el fármaco anestésico; así como la importancia de los segundos mensajeros en el hecho anestésico y sus lugares de acción.

Cualquiera de estas teorías o la adición de varias de ellas suponen, en todo caso, una creencia unitaria de la narcosis y no es de despreciar la creencia surgida hacia el año 2000 de que el hecho anestésico no sea un suceso unitario. Con la llegada de la Teoría de la cascada anestésica según la cual dicho suceso sería una sucesión de peldaños hasta la consecución de la hipnosis, inmovilidad y estabilización neurovegetativa, al que necesariamente se debería añadir la ausencia de recuerdo por abolición de la memoria por la acción específica y progresiva de los anestésicos en lugares -receptores- específicos, se produjo una enorme discusión en la que no faltó, como Miiller, quien dijera que a pesar del desarrollo en cascada, ésta también era una teoría unitaria".

BIBLIOGRAFÍA

Dikmen Y, Eminoglou E, Salihoglou Z, Derniroluk S: Pulmonary mechanics during isoflurane, sevoflurane and desflurane anesthesia. Anaesthesia. 58:745, 2003.

Nyktari VG, Papaioannou AA, Prinianakis G, et al: Effect of the physical properties of isoflurane, sevoflurane and desflurane on pulrnonary resistance in a laboratory lung model. Anesthesiology. 104: 1202, 2006.

Forrest JB, Rehder K, Cahalan MK, et al: Multicenter study of general anesthesia. III Predictors of severe perioperative adverse outcomes. Anesthesiology. 76: 3, 1992.

Pizov R, Brown RH, Weiss YS, et al: Wheezing during induction of general anesthesia in patients with and without asthma. A randomized blinded trial. Anesthesiology. 82:1111, 1995.

Cheney FW, Posner KL, Caplan RA: Adverse respiratory events infrequently leading to malpractice suits. A closed system analysis. Anesthesiology. 75:932, 1991.

D'Angelo E, Calderini IS, Tavola M: The effects of CO_2 on respiratory mechanics in anesthetized paralyzed humans. Anesthesiology. 94: 604, 2001.

Mazzeo AJ, Cheng EY, Stadnicka A, et al: Topographic differences in the direct effects of isoflurane on airway smooth muscle. Anesth Analg. 78: 948, 1994.

Park KW, Dai HB, Lowenstein E, et al: Isoflurane and halothane mediated dilation of distal bronchi in the rat depends on the epithelium. Anesthesiology. 86:1078, 1997.

Habre W, Petak F, Sly PD, et al: Protective effects of volatile agents against rnethacholine-induced bronchoconstriction in rats. Anesthesiology. 94:348, 2001.

Brown RH, Mitzner W, Zerhouni E, et al: Direct in vivo visualization of bronchodilation induced by inhalational anesthesia using high resolution computed tomography. Anesthesiology. 78: 295, 1993.

Mitsuhata H, Saitoh J, Shimizu R, el al: Sevoflurane and isoflurane protect against bronchospasm in dogs. Anesthesiology. 81: 1230, 2004.

Katoh T, Ikeda KCJA: A comparison of sevoflurane with halothane, enflurane, and isoflurane on bronchoconstriction caused by histamine. Can J Anaesth. 41:1214, 1994.

Cheng EY, Mazzeo AJ, Bosnjak ZJ, et al: Direct relaxant effects of intravenous anesthetics on airway smooth muscle. Anesth Analg. 83: 162, 1996.

Mazzeo AJ, Cheng EY, Bosnjak ZJ, et al: Differential effects of desflurane and halothane on peripheral airway smooth muscle. Br J Anaesth. 76: 841, 1996.

Crawford MW, Arrica M, Macgowan CK, Yoo S-J: Extent and localization of changes in upper airway caliber with varying concentrations of sevoflurane in children. Anesthesiology. 105: 1147, 2006.

Yamakage M: Direct inhibitory mechanisms of halothane on canine tracheal smooth muscle contraction. Anesthesiology. 77:546, 1992.

Duracher C, Blanc FX, Gueugniaud PY, et al: The effects of isoflurane on airway kinetics in Fisher and Lewis rats. Anesth Analg. 101: 136, 2005.

Volta CA, Alvisi V, Petrini S, el al: The effect of volatile anesthetics on respiratory system resistance in patients with chronic obstructive pulmonary disease. Anesth Analg. 100:348, 2005.

Burburan SM, Xisto D, Ferreira HC, et al: Lung mechanics and histology during sevoflurane anesthesia in a model of chronic allergic asthma. Anesth Analg. 104:631, 2007.

Wagner EM, Foster WM: Importance of airway blood flow on particle clearance from the lung. J Appl Physiol. 81: 1878, 1996.

Raphael JH, Stupish J, Selwyn DA, et al: Recovery of respiratory depression by inhalation anaesthetic agents: An in vitro study using nasal turbinate explants. Br J Anaesth. 76: 854, 1996.

Wang T, El Kabir D, Blaise G: Inhaled nitric oxide in 2003: A review of its rnechanisms of action. Can J Anaesth. 50: 315, 2003.

Galvin I, Drummond GB, Nirmalan M: Distribution of blood flow and ventilation in the lung: Gravity is not the only factor. Br J Anaesth. 98:420, 2007.

Weissmann N, Sommer N, Schermuly RI', et al: Oxygen sensors in hypoxic pulmonary vasoconstriction. Cardiovasc Res. 71: 620, 2006.

Akata T: General anesthetics and vascular smooth muscle. Direct actions of general anesthetics on cellular mechanisms gulating vascular tone. Anesthesiology 106: 365, 2007.

Eisenkraft JB: Effects of anaesthetics on pulmonary circulation. Br J Anaesth. 65: 63, 1990.

Schwarzkopf K, Shreiber T, Preussler NP, et al: Lung perfusion, shunt fraction, and oxygenation during one-lung ventilation in pigs: The effects of desflurane, isoflurane, and propofol. J

Cardiothorac Vasc Anesth. 17: 73, 2003.

Kleinsasser A, Lindner KA, Hoerrnann C, et al: Isoflurane and sevoflurane anesthesia in pigs with a preexistant gas exchange defect. Anesthesiology. 95: 1422, 2001.

Carlsson AJ, Bindslev E, Hedenstierna G: Hypoxia induced pulmonary vasoconstriction in the human lung: The effect of isoflurane anesthesia. Anesthesiology. 66:312, 1987.

Widdicombe J: Reflexes from the lungs and airways: Historical perspective. J Appl Physiol. 101: 628, 2006.

Yu J: Airway mechanosensors. Respir Physiol Neurobiol. 148: 217, 2005.

Kubin L, Alheid G, Zuperku EJ, McCrimmon DR: Central pathways of pulmonary and lower airway vagal afferents. J Appl Physiol. 101:.618, 2006.

Taylor-Clark T, Undern BJ: Transduction mechanisms in airway sensory nerves. J Appl Physiol. 101: 950, 2006.

Ward DS, Temp JA: Neuropharmacology of the control of ventilation. In Yaksh TL. Lynch C III, Zapol WM, et al (eds): Anesthesia: Biologic Foundations. Philadelphia, Lippincott- Rayen, 1997.

Solomon IC: Excitation of phrenic and sympathetic output during acute hypoxia: Contribution of medullary oxygen detectors. Respir Physiol. 121: 101, 2000.

Gonzalez C, Agapito M, Rochera A, et al: Chemoreception in the context of the general biology of ROS. Respir Physiol Neurobiol. 157: 30, 2007.

Parkes MJ: Breath-holding and its breakpoint. Exp Physiol. 91: 1, 2005.

Fourcade HE, Stevens WC, Larson CPJ, et al: The ventilatory effects of Forane, a new inhaled anesthetic. Anesthesiology. 35:26, 1971.

Calverley RK, Smith NT, Jones CW, et al: Ventilatory and cardiovascular effects of enflurane anesthesia during spontaneous ventilation in man. Anesth Analg. 57: 610, 1978.

Lockhart S, Rampil IJ, Yasuda N, et al: Depression of ventilation by desflurane in humans. Anesthesiology. 74: 484, 1991.

Doi M, Ikeda K: Respiratory effects of sevoflurane. Anesth Analg. 66: 241, 1987.

Hickey RF, Severinghaus JW: Regulation of breathing: Drug effects. Hornbein TF (ed): Regulation of Breathing. Lung Biology in Health and Disease, vol 17. New York, Marcel Dekker, 1981.

Eger El I: Isoflurane: A review. Anesthesiology. 55: 559, 1981.

Fourcade HE, Larson C, Hickey RF, et al: Effects of time on ventilation during halothane and cyclopropane anesthesia. Anesthesiology. 36: 83, 1972.

Warltier DC, Pagel PS. Cardiovascular and respiratory actions of desflurane: Is desflurane different from isoflurane? Anesth Analg. 75: 517, 1992.

Brown K, Aun C Stocks J, et al: A comparison of the respiratory effects of sevoflurane and halothane in infants and young children. Anesthesiology. 89: 86, 1998.

Eger EI, Dolan WM, Stevens WC, et al: Surgical stimulation antagonizes the respiratory depression produced by Forane. Anesthesiology. 36: 544, 1972.

Whittenridge D, Bulbring E: Changes in the activity of pulmonary receptors in anesthesia and their influence on respiratory behavior. J Pharmacol Exp Ther. 81: 340, 1944.

Hurnphrey JA, Sedensky MM, Morgan PG: Understanding anesthesia: Making genetic sense of the absence of senses. Hurn Mol Genet. 11: 1241, 2002.

Meyer H: Welche Eigenschaft der Anisthetica bedingt ihre narkotische Wirkung? Arch Exp Pathol Pharmakol. 42: 109, 1899.

Overton E: Studien über die Narkose. Jena, Gustav Fischer, 1901.

Eger EI: A brief history of the origin of mninimum alveolar concentration (MAC). Anesthesiology. 96: 238, 2002.

Eger EI, Saidman U, Brandstater B: Minimum alveolar anesthetic concentration: A standard of anesthetic potency. Anesthesiology 26: 756, 1965.

Franks NP, Lieb WR: Temperature dependence of the potency of volatile general anesthetics: Implications for in vitro experiments. Anesthesiology. 84: 716, 1996.

Veda I, Kamaya H: Kinetic and thermodynamic aspects of the mechanisrn of general anesthesia in a model system of firefly luminescence in vitro. Anesthesiology. 38: 425, 1973.

Koblin DD, Chortkoff BS, Laster MJ, et al: Polyhalogenated and perfluorinated compounds that disobey the Meyer-Overton hypothesis. Anesth Analg. 79: 1043, 1994.

Raines DE, Miller KW: On the importance of volatile agents devoid of anesthetic action. Anesth Analg. 79:1031, 1994.

Franks NP, Lieb WR: Seeing the light: Protein theories of general anesthesia: 1984. Anesthesiology. 101: 235, 2004.

Tononi G: An information integration theory of consciousness. BMC Neurosci. 5: 42, 2004.

Mashour GA: Consciousness unbound. Toward a paradigm of general anesthesia. Anesthesiology. 100: 428, 2004.

Franks NP, Lieb WR: Do general anaesthetics act by competitive binding to specific receptors? Nature. 310: 599, 1984.

Hall AC, Lieb WR, Franks NP: Stereoselective and non-stereoselective actions of isoflurane on the GABA-A receptor. Br J Pharmacol. 112:906, 1994.

Eger EI II, Fisher DM, Dilger JP, et al: Relevant concentrations of inhaled anesthetics for in vitro studies of anesthetic mechanisms. Anesthesiology. 94: 915-921, 2001.

Mashour GA: Integrating the science of consciousness and anesthesia. Anesth Analg. 103: 975, 2006.

Eckenhoff RG, Johansson JS: What are "relevant" concentrations? Anesthesiology. 95: 1537, 2001.

Rampil IJ, Mason P, Singh H: Anesthetic potency (MAC) is independent of forebrain structures in the rat. Anesthesiology. 78: 707, 1993.

Angel A: Central neuronal pathways and the process of anesthesia. Br J Anesth. 71: 148, 1993.

Rudolph U, Antkowiak B: Molecular and neuronal substrates for general anaesthetics. Nat Rey Neurosci. 5: 709, 2004.

Eger EI, Liao M, Laster MJ, et al: Contrasting roles of the N-methyl-D-aspartate receptor in the production of immobilization by conventional and aromatic anesthetics. Anesth Analg. 102:1397-1406, 2006.

Sonner JM, Werner DF, Elsen FP, et al: Effect of isoflurane and other potent inhaled anesthetics on minimum alveolar concentration, learning, and the righting reflex in mice engineered to express alpha I gammaaminobutyric acid type A receptors unresponsive to isoflurane. Anesthesiology. 106: 107, 2007.

Sonner JM, Antognini JF, Dutton RC, et al: Inhaled anesthetics and immobility: Mechanisms, mysteries, and minimurn alveolar anesthetic concentration. Anesth Analg. 97: 718, 2003.

Crick F, Koch C: A framework for consciousness. Nat Neurosci. 6: 119, 2003.

Ries CR, Puil E: Mechanism of anesthesia revealed by shunting actions of isoflurane on thalamocortical neurons. J Neurophysiol. 81: 1795, 1999.

Searle JR: Consciousness. Annu Re. Neurosci. 23: 557, 2000.

John ER, Prichep LS, Kox W, et al: Invariant reversible QEEG effects of anesthetics. Conscious Cogn. 10: 165, 2001.

Veselis RA: Anesthesia a descent or a jump into the depths? Conscious Cogn. 10: 230, 2001.

Dwyer R, Bennett HL. Eger EI 2nd, et al: Effects of isoflurane and nitrous oxide in subanesthetic concentrations on memory and responsiveness in volunteers. Anesthesiology. 77: 888, 1992.

Hudetz AG: Suppressing consciousness: Mechanisms of general anesthesia. Semin Anesth. 25: 196, 2006.

Massimini M, Ferraretti F, Huber R, et al: Breakdown of cortical effective connectivity during sleep. Science. 309: 2228, 2005.

Lydic R, Biebuyck JF: Sleep neurobiology: Relevance for mechanistic studies of anaesthesia. Br J Anaesth. 72: 506, 1994.

Alkire MT, Gorski LA: Relative amnesic potency of five inhalational anesthetics follows the MeyerOverton rule. Anesthesiology. 101: 417, 2004.

Fukuda S, Warner DS: Cerebral protection. Br J Anaesth. 99: 10, 2007.

Franks NP, Lieb WR: Molecular and cellular mechanisms of general anaesthesia. Nature. 367: 607, 1994.

Franks NP, Lieb WR: Volatile general anaesthetics activate a novel neurona K current. Nature. 333: 662, 1988.

Eger EI II: Uptake of inhaled anesthetics: The alveolar to inspired anesthetic difference. In Eger EI II (ed): Anesthetic Uptake and Action. Baltimore, Williams & Wilkins, 1974, pp 77.

Eger EI II: Partition coefficients of i-653 in human blood, saline and olive oil. Anesth Analg. 66: 971, 1987.

Eger RR, Eger EI II: Effect of temperature and age on the solubility of enflurane, halothane, isoflurane and methoxyflurane in human blood. Anesth Analg. 64: 640, 1985.

Eger EI II, Shargel RO, Merkel G: Solubility of diethyl ether in water, blood and oil. Anesthesiology. 24: 676, 1963.

Eger EI II, Shargel R: The solubility of methoxyflurane in human blood and tissue homogenates. Anesthesiology. 24: 625, 1963.

Cromwell TH, Eger EI II, Stevens WC, Dolan WM: Forane uptake, excretion and blood solubility in man. Anesthesiology. 35: 401, 1971.

Yasuda N, Targ AG, Eger EI II: Solubility of i-653, sevoflurane, isoflurane, and halothane in human tissues. Anesth Analg. 69: 370, 1989.

Lerman J, Schmitt-Bantel BI, Gregory GA, et al: Effect of age on the solubility of volatile anesthetics in human tissues. Anesthesiology 65: 307, 1986.

Munson ES, Eger EI II, Bowers DL: Effects of anesthetic-depressed ventilation and cardiac output on anesthetic uptake. Anesthesiology. 38: 251, 1973.

Yasuda N, Lockhart SH, Eger El II, et al: Kinetics of desflurane, isoflurane, and halothane in humans. Anesthesiology. 74: 489, 1991.

Yasuda N, Lockhart SH, Eger El II, et al: Comparison of kinetics of sevoflurane and isoflurane in humans. Anesth Analg 72: 316, 1991.

Eger El II: The effect of inspired concentration on the rate of rise of alveolar concentration. Anesthesiology. 24: 153, 1963.

Stoelting RK, Eger El II: An additional explanation for the second gas effect: A concentrating effect. Anesthesiology. 30: 273, 1969.

Korrnan B, Mapleson WW: Concentration and second gas effects: Can the accepted explanation be improved? Br J Anaesth. 78: 618, 1997.

Eger El II, Smith RA, Koblin DD: The concentration effect can be mimicked by a decrease in blood solubility. Anesthesiology. 49: 282, 1978.

Epstein RM, Rackow H, Salanitre E, Wolf GL: Influence of the concentration effect on the uptake of anesthetic mixtures: The second gas effect. Anesthesiology. 25: 364, 1964.

Taheri S, Eger El II: A demonstration of the concentration and second gas effects in humans anesthetized with nitrous oxide and desflurane. Anesth Analg. 89: 774, 1999.

Hendrickx JF, Carette R, Lemmens HJ, De Wolf AM: Large volume N_2O uptake alone does not explain the second gas effect of N_2O on sevoflurane during constant inspired ventilation. Br J Anaesth. 96: 391, 2006.

Cullen BF, Eger El II: Diffusion of nitrous oxide, cyclopropane, and halothane through human skin and amniotic membrane. Anesthesiology. 36: 168, 1972.

Carpenter RL, Eger El II, Johnson BR, et al: The extent of metabolism of inhaled anesthetics in humans. Anesthesiology. 65: 201, 1986.

Carpenter RL, Eger El II, Johnson BH, et al: Pharmacokinetics of inhaled anesthetics in humans: Measurements during and after the simultaneous administration of enflurane, halothane, isoflurane, methoxyflurane and nitrous oxide. Anesth Analg. 65: 575, 1986.

Carpenter RL, Eger El II, Johnson BH, et al: Does the duration of anesthetic administration affect the pharmacokinetics or metabolism of inhaled anesthetics in humans. Anesth Analg. 66: 1, 1987.

Halsey MJ, Sawyer DC, Eger EJ II, et al: Hepatic metabolism of halothane, methoxyflurane, cyclopropane, Ethrane and Forane in miniature swine. Anesthesiology. 35: 43, 1971.

Yamamura H, Wakasugi B, Okuma Y, Maki K: The effects of ventilation on the absorption and elimination of inhalation anaesthetics. Anaesthesia. 18: 427, 1963.

Munson ES, Larson CP Jr, Babad AA, et al: The effects of halothane, fluroxene and cyclopropane on ventilation: A comparative study in man. Anesthesiology. 27: 716, 1966.

Eger EI II, Smith NT, Stoelting RK, et al: Cardiovascular effects of halothane in man. Anesthesiology. 32: 396, 1970.

Eger EI II, Bahiman SH, Munson ES: Effect of age on the rate of increase of alveolar anesthetic concentration. Anesthesiology. 35: 365, 1971.

Eger EI II, Saidman U: Hazards of nitrous oxide anesthesia in bowel obstruction and pneumothorax. Anesthesiology. 26: 61, 1965.

Hunter AR: Problems of anaesthesia in artificial pneumothorax. Proc R Soc Med 48:765, 1955.

Munson ES, Merrick HC: Effect of nitrous oxide on venous air embolism. Anesthesiology. 27: 783, 1966.

Eger EI II, Ionescu P, Gong D: Circuit absorption of halothane, isofiurane and sevoflurane. Anesth Analg. 86: 1070—1074, 1998.

Targ AG, Yasuda N, Eger EI II: Solubility of i-653, sevoflurane, isoflurane, and halothane in plastics and rubber composing a conventional anesthetic circuit. Anesth Analg. 68: 218, 1989.

Strum DP, Johnson BR, Eger EJ II: Stability of sevoflurane in soda lime. Anesthesiology. 67: 779, 1987.

Higuchi H, Sumita S, Wada H, et al: Effects of sevoflurane and isoflurane on renal function and on possible markers of nephrotoxicity. Anesthesiology. 89: 307, 1998.

Eger EI II, Gong D, Koblin DD, et al: Dose-related biochemical markers of renal injury after sevoflurane VS. desflurane anesthesia in volunteers. Anesth Analg. 85:1154, 1997.

Kobayashi S, Bito H, Obata Y, et al: Compound A concentration in the circie absorber system during low-flow sevoflurane anesthesia: Comparison of Dragersorb Free, Amsorb, and Sodasorb II. J Clin Anesth. 15: 33, 2003.

Fang ZX, Eger EI II, Laster MJ, et al: Carbon monoxide production from degradation of desflurane, enflurane, isoflurane, halothane, and sevoflurane by soda lime and Baralyme. Anesth Analg. 80: 1187, 1995.

Knolle E, Heinze G, Gilly H: Small carbon monoxide formation in absorbents does not correlate with small carbon dioxide absorption. Anesth Analg. 95: 650, 2002.

Harper M, Eger EI II: A comparison of the efficiency of three anesthesia circle systems. Anesth Analg. 55: 7221, 1976.

Severinghaus JW: Time rate of uptake of nitrous oxide in man. J Clin Invest 33: 1183, 1954.

Hendrickx JFA, Soetens M, VanderDonck A, et al: Uptake of desflurane and isoflurane during closed circuit anesthesia with spontaneous and controlled mechanical ventilation. Anesth Analg. 84: 413, 1997.

Eger EI II: Complexities overlooked: Things may not be what they seem. Anesth Analg. 84: 239, 1997.

Weiskopf RB, Eger EI II: Comparing the costs of inhaled anesthetics. Anesthesiology 79: 1413, 1993.

Eger EI II, Johnson BH: Rates of awakening from anesthesia with i-653, halothane, isoflurane, and sevoflurane: A test of the effect of anesthetic concentration and duration in rats. Anesth Analg. 66: 977, 1987.

Mapleson WW: Quantitative prediction of anesthetic concentrations. In Papper EM, Kitz RJ (eds): Uptake and Distribution of Anesthetic Agents. New York, McGraw-Hill, l963, pp 1021.

Stoelting RK, Eger EI II: The effects of ventilation and anesthetic solubility on recovery from anesthesia: An in vivo and analog analysis before and after equilibration. Anesthesiology. 30: 290, 1969.

Nordmann GR, Read JA, Sale SM, et al: Emergence and recovery in children after desflurane and isoflurane anaesthesia: Effect of anaesthetic duration. Br J Anaesth 96: 779, 2006.

Eger EI II, Gong D, Koblin DD, et al: Effect of anesthetic duration on kinetic and recovery characteristics of desflurane vs. sevoflurane (plus compound A) in volunteers. Anesth Analg. 86:414, 1998.

Bailey JM: Context-sensitive half-times and other decrement times of inhaled anesthetics. Anesth Analg. 85: 681, 1997.

Eger EI II, Shafer SL: Tutorial: Context-sensitive decrement times for inhaled anesthetics. Anesth Analg. 101: 688, 2005.

Fink BR: Diffusion anoxia. Anesthesiology. 16: 511, 1955.

Rackow H, Salanitre E, Frumin MJ: Dilution of alveolar gases during nitrous oxide excretion in man. J Appl Physiol. 16: 723, 1961.

Wilkinson G: Pharmacokinetics: The dynamics of drug absorption, distribution and elimination. In Hardman J, Limbird LE, Goodman GA (eds): Goodman and Gilrnans ihe Pharrnacological basis of Therapeutics, l0th ed. New York, McGraw-Hill, 2001.

Krishna DR, Klotz U: Extrahepatic metabolism of drugs in humans. Clin Pharmacokinet. 26: 144, 1994.

Lohr JW, Willsky GR, Acara MA: Renal drug metabolism. Pharmacol Rev. 50: 107, 1998.

Jana S, Paliwal J: Molecular mechanisms of cytochrorne P450 induction: Potential for drug-drug interactions. Curr Protein Pept Sci. 8: 619, 2007.

Wilkinson GR: Drug metabolism and variability among patients in drug response. N Engi J Mcd. 352: 2211, 2005.

Baillie TA: Metabolism and toxicity of drugs. Two decades of progress in industrial drug metabolism. Chem Res Toxicol. 21: 129, 2008.

Kalow W: The Pennsylvania State University College of Medicine 1990 Bernard B. Brodie Lecture. Pharmacogenetics: Past and future. Life Sci. 47: 1385, 1990.

Evans WE: Pharmacogenetics of thiopurine S-methyltransferase and thiopurine therapy. Ther Drug Monit. 26: 186, 2004.

Bosch TM, Meijerman I, Beijnen JH, Schellens JH: Genetic polymorphisms of drug-metabolising enzymes and drug transporters in the chemotherapeutic treatment of cancer. Clin Pharmacokinet. 45: 253, 2006.

Brenda A. Gentz and T. Philip Malan Jr. Renal Toxicity with Sevoflurane A Storm in a Teacup? Drugs. 61: 2155. 2001.

C. Keijzer, R. S. G. M. Perez and J. J. De Lange. Compound A and carbon monoxide production from sevoflurane and seven different types of carbon dioxide absorbent in a patient model. Acta Anaesthesiol Scand. 51: 31, 2007.

Evan D. Kharasch, Karen M. Powers, Alan A. Artru. Comparison of Amsorb®, Sodalime, and Baralyme®. Degradation of Volatile Anesthetics and Formation of Carbon Monoxide and Compound A in Swine In Vivo. Evan D. Kharasch, Karen M. Powers, Alan A. Artru. Anesthesiology. 96: 173. 2002.

Shunji Kobayashi, Hiromichi Bito, Koji Morita, Takasumi Katoh, Shigehito Sato. Amsorb Plus and Drägersorb Free, two new-generation carbon dioxide absorbents that produce a low compound A concentration while providing sufficient CO_2 absorption capacity in simulated sevoflurane anestesia. J. Anesth. 18: 277, 2004.

Coburn M, Baumert JH, Roertgen D, et al: Emergence and early cognitive function in the elderly after xenon or desflurane anaesthesia: A double blinded randomized controlled trial. Br J Anaest. 98: 756, 2007.

Kharasch ED, Hankins DC, Fenstamaker K, Cox K Human halothane metabolism, lipid peroxidation and cytochromes P(450)2A6 and P(450)3A4. Eur Clin Pharmacol. 55: 853, 2000.

Garton KJ, Yuen P, Meinwald J, et al: Stereoselective metabolism of enflurane by human liver cytochrome P450 2E1. Drug Metab Dispos. 23: 1426, 1995.

Thurnmel KE, Kharasch ED, Podoli T, Kunze K: Human liver microsomal enflurane defluorination catalyzed by cytochrome P-450 2E1. Drug Metab Dispos. 21: 350, 1993.

Christ DD, Satoh H, Kenna JG, Pohi LR: Potential metabolic basis for enflurane hepatitis and the apparent cross-sensitization between en flurane and halothane. Drug Metab Dispos. 16:135, 1988.

Mazze Rl, Woodruff RE, Heerdt ME: Isoniazid induced enflurane defluorination in humans. Anesthesiology. 57: 5, 1982.

Kharasch ED, Hankins DC, Cox K: Clinical isoflurane metabolism by cytochrome P450 2E1. Anesthesiology. 90: 766, 1999.

Kharasch ED, Thummel KE: Identification of cytochrome P450 2E1 as the predominant enzyme catalyzing human liver microsomal defluorination of sevoflurane, isoflurane, and methoxyflurane. Anesthesiology. 79: 795, 1993.

Sutton TS, Koblin DD, Gruenke LD, et al: Fluoride metabolites after prolonged exposure of volunteers and patients to desflurane. Anesth Analg 73:180— 185, 1991.

Cook TL, Beppu 'sVJ, Hitt BA, et al: Renal elfects and rnetabolism of sevoflurane in Fisher 3444 rats: An in-vivo and in-vitro comparison with methoxyflurane. Anesthesiology 43:70—77, 1975.

Cook TL, Beppu WJ, Hitt BA, et al: A comparison of renal effects and metabolisrn of sevoflurane and methoxyflurane in enzyme-induced rats. Anesth Analg 54:829—835, 1975.
Holaday DA, Smith FR: Clinical characteristics and biotransformation of sevoflurane in healthy human volunteers. Anesthesiology 54:100—106, 1981.

Kharasch ED, Karol MD, Lanni C, Sawchuk R: Clinical sevoflurane metabolism and disposition. 1. Sevoflurane and metabolite pharmacokinetics. Anesthesiology 82: 1 369— 1 378, 1995.

Kharasch ED, Armstrong AS, Gunn K, et al: Clinical sevoflurane metabolism and disposition. II. Tbe role of cytochrome P450 2E1 in fluoride and hexafluoroisopropanol formation. Anesthesiology 82:1379— 1388, 1995.

Baker MT, Ronnenberg WC Jr, Ruzicka JA, et al: Inhibitory effects of deuterium substitution on the metabolism of sevoflurane by the rat. Drug Metab Dispos 21:1170—1171, 1993.

Hoffman J, Konopka K, Buckhorn C, et al: Ethanolinducible cytochrome P450 in rabbits metabolizes enflurane. Br J Anaesth 63:103—108, 1989.

Kikuchi H, Mono M, Fuijii K, et al: Clinical evaluation and metabolism of sevoflurane in patients. Hiroshima J Med Sci 36:93—97, 1987.

Frink EJ Jr, Ghantous H, Malan TP, et al: Plasma inorganiC fluoride with sevoflurane anesthesia:

Correlation with indices of hepatic and renal function. Anesth Analg 74:231—235, 1992.

Drayer DE: Pharmacodynamic and pharmacokinetic differences between drug enantiomers in humans: An overview. Clin Pharmacol Ther. 40:125—133, 1986.

Tucker GT, Lennard MS: Enantiomer specific pharmacokinetics. Pharrnacol Ther 45:309—329, 1990.

Birkett DJ: Racemates or enantiomers: Regulatory approaches. Clin Exp Pharmacol Physiol 16:479— 483, 1989.

Ariens EJ, Testa B: Chiral aspects of drug metabolism. Trends Pharmacol Sci 7:60—64, 1986.

Howard-Lock HE, Lock CJ, Mewa A, Kean WF: D-Penicillamine: Chemistry and clinical use in rheumatic disease. Semin Arthritis Rheurn 15:261— 281, 1986.

Satoh K, Yanagisawa T, Taira N: Coronary vasodilator and cardiac effects of optical isomers of verapamil in the dog. J Cardiovasc Pharrnacol 2:309—318, 1980.

Powell JR, Ambre JJ, Rud TI: Drug stereochemistry. ¡Fi Wainer 1W Drayer DE (eds): Analytical Methods and Pharrnacology. New York, Dekker, 1988, p 245.

Buchinger W, Ober O, Uray G, et al: Synthesis and effects on peripheral thyroid hormone conversion of (R)-4-hydroxypropanolol, a main metabolite of (R)-propranolol. Chirality 3: 1 45, 1991.

Grisslinger G, Hering W, Thomann P, et al: Pharmacokinetics and pharmacodynamics of ketamine enantiomers in surgical patients using a stereoselective analytical method. Br J Anaesth 70:666—671, 1993.

Kharasch ED, Labroo R: Metabolism of ketamine stereoisomers by human liver microsomes. Anesthesiology 77:1201—1207, 1992.

Brau ME, Branitzki P, Olschewski A, et al: Block of neuronal tetrodotoxin-resistant Na currents by stereoisorners of piperidine local anesthetics. Anesth Analg 91:1499—1505, 2000.

Heavner JE: Local anesthetics. Curr Opin Anaesthesiol 20:336—342, 2007.

Thomas JM, Schug SA: Recent advances in the pharmacokjnetjcs of local anaesthetics. Long-acting amide enantiomers and continuous infusions. Clin Pharmacokjnet 36:67—83, 1999.

Blaschke G, Kraft HP, Fickentscher K, Kohler F: Chromatographic separation of racemic thalidomide and teratogenic activity of its enantiomers (author's transi). Arzneirnittelforschung 29:1640— 1642, 1979.

Martin JL, Meinwald J, Radford P, et al: Stereoselective metabolism of halothane enantiomers to trifluoroacetylated liver proteins. Drug Metab Res. 27:179—189, 1995.

Kendig JJ, Trudeli JR, Cohen EN: Halothane stereoisomers: Lack of stereospecificity in two model systems. Anesthesiology 39:518—524, 1973.

Lysko GS, Robinson JL, Castro R, Ferrone RA: The stereospecific effects of isoflitrane isomers in vivo. Eur J Pharrnacol 263:25—29, 1994.

Harrys B, Moody E, Skolnick P: Isoflurane anesthesia is stereoselectjve. Eur J Pharmacol 217:215—216, 1992.

Moody EJ, Harris BD, Skolnick P: Stereospecific actions of the inhalation anesthetic isoflurane at the GABA-A receptor complex. Brain Res. 615:101—106, 1993.

Jones MV. Harrison NL: Effects of volatile anesthetics on the kinetics of inhibitory postsynaptic currents in cultured rat hippocampal neurons. J Neurophysiol 70:1339—1349, 1993.

Harris BD, Moody EL Basile AS, Skolnick P: Volatile anesthetics bidi rectionally and stereospecifically modulate ligand binding to GABA receptors. Eur J Pharmacol 267:269—274, 1994.

Tomlin SL, Jenkins A, Lieb WR, Franks NP: Stereoselective effects of etornidate optical isomers on gamma-arninobutyric acid type A receptors and anirnais. Anesthesiology 88:708—7 1 7, 1998.

Summary of the national Halothane Study: Possible association between halothane anesthesia and postoperative hepatic necrosis. JAMA 197:775—788, 1966.

Martin JL, Plevak DJ, Flannery KD, et al: Hepatotoxicity after desflurane anesthesia. Anesthesiology. 83:1125—1129, 1995.

Uetrecht J: Idiosyncratic drug reactions: Past, present, and future. Chem Res Toxicol 21:84—92, 2008.

Park BK, Kitteringham NR, Maggs JL, et al: The role of rnetabolic activation in drug-induced hepatotoxiCity. Annu Rey Pharrnacol Toxicol 45:177—202, 2005.

Pohl LR, Pumford NR, Martin JL: Mechanisrns, chemical structures and drug rnetabolism. Eur J Haematol Suppl 60:98—104, 1996.

Kenna JG: Immunoallergic drug-induced hepatitis: Lessons from halothane. J Hepatol 26(Suppl 1):5— 12, 1997.

Kenna JG, Satoh H, Christ DD, Pohi IR: Metabolic basis for a drug hypersensitivity: Antibodies in sera from patients with halothane hepatitis recognize liver neoantigens that contain the trifluoroacetyl group derived from halothane. J Pharmacol Exp Ther 245:1103—1109, 1988.

Martin JL, Pumfoprd NR, LaRosa AC, et al: A metabolite of halothane covalently binds to an endoplasmic reticulum protein that is highly homologous to phosphatidyli nositol-specific phospholipase C-alpha but has no activity. Biochem Biophys Res Commun. 178:679—685,

1991.

Butler LE, Thomassen D, Martin JL, et al: The cal- cium-binding protein caireticulin is covalently modified in rat liver by a reactive metabolite of the inhalation anesthetic halothane. Chem Res Toxicol. 5:406—410, 1992.

Martin JL, Reed GP, Pohl LR: Association of anti—58 kDa endoplasrnic reticulum antibodies with halo- thane hepatitis. Biochem Pharmacol 46:1247—1250, 1993.

Martin JL, Kenna JG, Martin BM, et al: Halothane hepatitis patients have serum antibodies that react with protein disulfide isornerase. Hepatology
18:858—863, 1993.

Pumford NR, Martin BM, Thornassen D, et al: Serum antibodies from halothane hepatitis patients react with the rat endoplasmic reticulurn protein ERp72. Chem Res Toxicol 6:609—615, 1993.

Bourdi M, Demady D, Martin JI., et al: cDNA cloning and baculovirus expression of the human liver endoplasmic reticulum P58: Characterization as a protein disulfide isomerase isoform, but not as a protease or a carnitine acyhransferase. Arch Biochem Biophys 323:397—403, 1995.

Pohl LR: An imnmunochemical approach of identify ing and characterizing protein targets of toxic reactive metabolites. Chem Res Toxicol 6:786—793, 1993.

Gut J. Christen U, Huwyler 1: Mechanisms of halo- thane toxicity: Novel insights. Pharmacol Ther. 58:133—155, 1993.

Barton J: Jaundice and halothane. Lancet 1:1097, 1959.

Wark HJ: Postoperative jaundice in children. The iniluence of halothane. Anaesthesia. 38:237—242, 1983.

Warner LO, Beach TP, Garvin JP, Warner EJ: Halo- thane and children: 'The firsi quarter century. Anesth Analg 63:838—840, 1984.

Kenna JG, Neuberger J, Mieli-Vergani G, et al: Halo- thane hepatitis in children. Br Mcd J (Clin Res Ed) 294:1209—1211, 1987.

Njoku D, Laster MJ, Gong DH, et al: Biotransformation of halothane, enflurane, isoflurane, and desflurane to trifluoroacetylated liver proteins: Association between protein acylation and hepatic injury. Anesth Analg 84:173—178, 1997.

Christ DD, Kenna JG, Kammerer W, et al: Enflurane metabolism produces covalently bound liver adducts recognized by antibodies from patients with halothane hepatitis. Anesthesiology 69:833— 838, 1988.

Brunt EM, White H, Marsh JW, et al: Fulrninant hepatic ti1ure after repeated exposure to isoflurane anesthesia: A case report. Hepatology 13:1017— 1021, 1991.

Turner GB, O'Rourke 1), Scott GO, Beringer TR: Fatal hepatotoxicity after re-exposure to isoflurane: A case report and review of thc literature. Eur J Gastroenterol Hepatol. 12:955—959, 2000.

Njoku DB, Shrestha S, Soloway R, et al: Subcellular localization of trifluoroacetylated liver proteins in association with hepatitis following isoflurane. Anesthesiology 96:757—761, 2002.

Jones RM, Koblin DD, Cashman JN, et al: Biotransformation and hepato-renal function in volunteers after exposure Lo desflurane (1-653). Br J Anaesth 64:482—487, 1990.

Wrigley SR, Fairfield JE, Jones RM, Black AE: Induction and recovery characteristics of desflurane in day case patients: A comparison with propofol. Anaesthesia 46:615—622, 1991.

Berghaus TM, Baron A, Geier A, et al: Hepatotoxicity following desflurane anesthesia. Hepatology. 29:613—614, 1999.

Anderson JS, Rose NR, Martin JL, et al: Desflurane hepatitis associatcd with hapten and autoantigenspecific IgG4 antibodies. Anesth Analg 104:1452— 1453, 2007.

Cote G, Bouchard S: Hepatotoxicity after desflurane anesthesia in a 15-month-old child with Móbius syndrorne after previous exposure to isoflurane. Anesthesiology 107:843—845, 2007.

Wataiabe K, I-latakenaka S, Ikemune K, et al: [A case of suspected liver dysfunction induced by sevoflurane anesthesiaj. Masui 42:902-905, 1993.

Shichinohe Y, Masuda Y, Takahashi H, et al: LA case of postoperative hepatic injury after sevoflurane anesthesial. Masui 41:1802—1805, 1992.

Bruun LS, ELKjaer S, Bitsch-Larsen D, Anderson O: Hepatic failure in a child after acetaminophen and sevoflurane exposure. Anesth Analg 92(6)1446— 1488, 2001.

Lehmann A, Neher M, Kiessling AH: Case report: fatal hepatic failure after aortic valve replacemeni and sevoflurane exposure. Can J Anaesth 54(1 1)917— 921, 2007.

Harris JW, Pohi LR, Martin JL, Anders MW: l'issue acylation by the chiorofluorocarbon substitute 2,2-dichloro- 11 , 1 -trifluoroethane. Proc Nati Acad Sci USA 88(4)1407—1410, 1991.

Lind RC, Gandolĺi AJ, Hall PD: Biotransformation and hepatotoxicity of HCFC- 1 23 in the guinea pig: Potentiation of hepatic injury by prior glutathione depletion. Toxicol Appl Pharmacol. 134(1)175—181, 1995.

Rusch GM, Trochimonicz HJ, Malley U, et al: Subchronic inhalation toxicity studies with hydrochiorofluorocarbon 123 (HCFC 123). Fundam Appl Toxicol 23(2)169—178, 1994.

Dekant W: Toxicology of chiorofluorocarbon replacements. Environ Health Perspect 104(Suppl l):75— 83, 1996.

www.ingramcontent.com/pod-product-compliance
Lightning Source LLC
Chambersburg PA
CBHW041104180526
45172CB00001B/99